一生に一度は解きたい

至高の 数学 良問 28

東大医学部教育系YouTuber
PASSLABO代表
宇佐見天彗(すばる)

突然ですが
東京大学の入試
問題です。

実はこれ、ある発想で
中学1年生でも解けるんです。

$$x^3 + y^3 + z^3 = xyz$$

を満たす正の実数の組 (x, y, z) は

存在しないことを示せ

(2006　東京大学・改)

簡単に言うと
3辺の長さがx、y、zである1つの直方体と
1辺の長さがx、y、zである3つの立方体を
考えると解けます。

体積を比べてみると
右辺は、xyzの直方体が1つ、

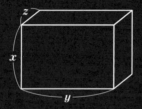

左辺は、x^3、y^3、z^3の立方体が3つ。

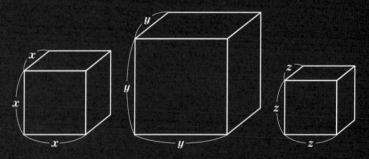

明らかに立方体3つのほうが体積が大きい。
よって、この等式を示すx、y、zは存在しない。

この東京大学の問題を「図形として解こう」という
閃きひとつで解けてしまうわけです。
さらに、解き方はひとつではありません。

本書には、そんな解きがいのある
選りすぐりの良問をそろえています。

そして、解説は中学生から
楽しめるようにこだわりました。

数学が得意な人も、そうでない人も

どうぞ楽しんでみてください。

はじめに

初めまして。私は宇佐見天彗と申します。

私はオンライン個別指導塾PASSCALの運営、全国の学校で講演会や授業などを行っています。オンラインでは高校生に累計1,000人以上を1対1で指導してきました。

また、YouTubeチャンネル（PASSLABOやMathLABO）でこれまで約5年間、入試レベルの数学問題を10,000問以上分析し、1,000問以上を解説してきました。その経験から少しでも多くの人に、数学の感動体験を届けたいという思いがあり、本書を制作しました。

私は高校生向けの大学受験をメインに活動をしていますが、特に数学は受験という枠組みを超えて、老若男女が楽しめる「お金がかからない最高の趣味」だと思っています。実際にYouTube動画のコメントでも、小学生から大人の方、87歳のおじいちゃんまで、数学を楽しんでいることが伝わる素敵な投稿がたくさんあります。

本書では過去に投稿してきた1,000本以上の動画から特に反響があったものや、感動体験を味わえる問題を厳選して出題します。
また問題を解くときや、解説する際も、できる限り「数学を楽しむ」というスタンスで人柄や熱量を出すようにしています。

数学の面白さは 「自由さ」にある？

　大学受験における数学は時間制限があるため、複数解法で考える必要はありません。どんな解法でもいいから「時間内で」「最後まで正しく」答えまで導出できるかが評価の基準です。

　ただ、そのような「受験」という制約を一度、取り払って数学を捉え直していただきたいのです。

　数学というものは本来、自由であるべきです。

　問題に対して時間をかけて取り組んでもよし、さまざまな解法やアプローチを考えてもよし、計算の工夫や裏技のような発想を楽しんでもよいのです。この自由さが、数学の面白さであり、夢中になれる理由だと思います。

　数学には「1つの問題から無数の学びが得られる」魅力があります。さまざまな視点で深掘りすることで、まるで1本のドラマを見終わったときのような「感動体験」が得られるはずです。

　人によって感動のポイントは違うと思いますが、本書はできる限り、感動体験を味わえるような仕掛けを用意しています。

　「数学が趣味になる」「数学のおかげで勉強が好きになる」「数学を仕事にする」「数学をお酒のおつまみにする」など、数学をきっかけにどんな選択をするのも自由だと思います。

　数学が与えてくれる無限の可能性と感動を、本書で存分に享受していただきたいと考えています。

はじめに

「得意な人」「苦手な人」の本書の楽しみ方

　本書の使い方も自由でいいと思っています。

　数学に興味ある中学生や、久しぶりに入試レベルに挑戦する大人、あるいは初めて取り組む方がいらっしゃるかもしれません。そこで各々のレベルに合わせたおすすめの使い方を3種類、紹介します。

✓ 玄人レベルの読み方

　16ページからのCONTENTSを見て、ノーヒントで解いてみてください。

　また、各問題の最終ページにはそれぞれ答えが載っています。

　本書にないような別解も考えてみてください。

問題の解答です。

— 08 —

✓ ハイレベルの読み方

各問題には次のようなヒントが掲載されています。

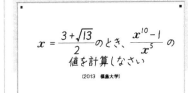

今回はかなり難しい問題。……ではありません。ただ、ゴリゴリに計算すると超時間がかかります(笑)。どのように工夫して計算スピードを上げるかという視点で解いてみましょう。

\ヒント/

x^{10}やx^5をそのまま計算すると大変なことになりますね。やはり困ったときには視点を変えてみること。xを解にもつ方程式がどのような式なのか、次数を下げられないかを考えてみましょう。

全体的な問題のヒント。問題+ヒントだけで解いてみましょう。

また、答えまでに随時、次のようなヒントが載っています。

✓ [ヒント1/4] 問題の見方

もう何もわからないという人は、x^{10}を計算しちゃうんですね。根気は大事ですが、それ以上に工夫のしかたも大事です。

まず、ゴールから逆算してみましょう。今回の式は、こう変形できますよね。

$$\frac{x^{10}-1}{x^5} = x^5 - \frac{1}{x^5}$$

ここから、求める式が$x-\frac{1}{x}$の5乗と似ているので「何か工夫できないか?」と仮説を立てることもできます。

ただ、いきなり計算するより、まずは次数下げを行いましょう。

はじめに

　ヒントを読んで解き方を閃いたら読む手を止め、問題を解いてみましょう。どの地点で解けるか、はかってみてください。

✓ 標準レベルの読み方

　解説を見て、納得できない場合があると思います。その場合は各答えの最後にある二次元コードを見てみましょう。そこに私が解説している動画（高校生、大学受験生向けの内容の場合もあります）があります。「答え」にある解説動画も見て理解を深めましょう。

　解説を見て納得できる場合は、自分自身で解くときに、どこまでが自分でわかっていて、どこからがわからなかったかを具体的に明確にしておきましょう。また、解説の中でなぜそのような解き方をしたのかといったことも考えてみましょう。1回目は解説を見て解いて、時間を空けて次はヒントなしで解けるか、復習して成長を実感していただくことを推奨します。

解くこと自体、難しいという問題もあると思います。

そのときは次のことを参考にしてみてください。

数学良問に取り組む5つの考え方

入試レベルの問題はゲームでいう「ラスボス」です。単純なパターンで最初から最後まで解けるものは少なく、問題によってはどこから手をつけていいのかわからず、また、落とし穴も複数出てきます。

ですが、問題設定を丁寧に読み取り、困難を分割し、解法を使い、ヒントを集めて解き進めることで、絡まった糸がほぐれていくように、必ず答えにたどり着くことができます。

特に次の5つがキーワードです。

Ⅰ.実験思考

問題が抽象的な場合があります。具体的な事象を考えることで答えの推測や、仮説を立てることができるようになります。

Ⅱ.困難は分割せよ

難問ほど問題が複雑になっている場合があります。細かく分割することで、小さな困難ごとの対応策やアプローチを考えることができるようになります。

Ⅲ. 視点を変える

　視点を変えることで、問題解決のヒントにつながることがあります。目的に合わせたさまざまなアプローチで考える習慣をつけましょう。

Ⅳ. 言語化する（定義）

　与えられた言葉や条件を定義することで、再現性が高く、誰もが納得できる考え方を提案することができます。

Ⅴ. 1問から無数の学びを

　「答えの正解/不正解に一喜一憂する」という常識を壊し、解法のアプローチ、別解、工夫を深掘りする習慣をつけましょう。理解度が深まり経験の濃さが変わります。

具体的な場面で考えてみます。

①「問題をパッと見て頭が真っ白になった」

　このときは、一度、問題文の条件を整理・翻訳していきましょう。具体的な値で実験したり、シンプルな式にして計算したり、まずは手を動かしてみることが肝要です。

②「行き詰まった」

　手を動かしても行き詰まる場合があります。そのときは「困難は分割せよ」という言葉を思い出してください。行き詰まった原因を何か、数式やグラフ、日本語でかいてみましょう。現状「何がわかっていて」「何がわからないのか」を整理することで、見える視点が変わることがあります。

③「問題が解けない」

　「問題が解けるか解けないか」だけではなく、「楽しめるかどうか」も重要です。本書の解説を見て、「なるほど!」「発想すごい!」という部分を堪能してください。そこから無数の学びが得られるはずです。

　そもそも全ての問題が解けるようになる必要はありません。
　また、全ての問題を正しく理解できなければならないというわけでもありません。「解けそう」と思った問題から取り組んでみてください。中には、超高難度のものもあります。

　改めて本書を通じて、1つひとつの問題に対して試行錯誤しながら、5つの考え方の武器やヒントをもとに、新しい気づきや発見を得て、数学に夢中になる感動体験を味わっていただきたいと思います。

　さあいよいよ，数学良問の扉が開かれます。
　準備はよろしいでしょうか?

　それではページをめくって、進めていきましょう。
　素敵な数学良問の旅をお楽しみください。

本書の構成

この本は次のように章ごとにレベル分けをしています。

CHAPTER 1　小・中学生も解きたくなる良問 編

小学算数、中学数学の知識で挑戦したくなるような問題です。

親子で挑戦して楽しめるかもしれません。ただし、パッと見て解けそうなものでも、思わぬ壁があるので要注意です。

CHAPTER 2　神速・解答 編

時間をかければ解けるけれども、より工夫することで速く解ける問題です。解き方がわかれば他にも応用が利きます。本書の知識で他の問題にもチャレンジしてみてください。

CHAPTER 3　快・解法 編

解き方に思わず「すごい!!」と思えるような解法が載っています。問題の視点、発想が試されます。「数学が美しいって何？」と思う人こそチャレンジしてみてほしいです。

CHAPTER 4　鬼・難問 編

その名の通りです。難しい問題ほど解きがいがあります。「わからない」と悩み、試行錯誤を数十回くり返したのち、ようやく理解できた。そのとき、最高級の快感が得られるかもしれません。

CHAPTER 5　伝説級の良問5選

旧七帝大から選りすぐりの難問。一筋縄ではいきません。最高峰の良問が解けるようになったとき、もう他の問題も早く解いてみたいとうずうずしているはずです。

ディープな数学の世界へ

一生に一度は解きたい
至高の数学良問28

CONTENTS 『一生に一度は解きたい　至高の数学良問28』

はじめに ………06
本書の構成 ……14

CHAPTER 1
小・中学生も解きたくなる良問 編

問題 01　小学生も解ける?! 面白い京大入試　……… 27
——パズル・思考系

$$\begin{array}{r} abcdef \\ \times 2 \\ \hline cdefab \end{array}$$

このとき$abcdef$を求めよ

（1957　京都大学・改）

問題 02　わけがわかるカレンダー問題　……… 35
——パズル・思考系

今日は金曜日である。
5^{100}日後は何曜日か

（2017　名古屋女子大・改）

問題 03 桁の多い分数でも、発想ひとつ！
── 約分

$$\frac{4043}{9641}$$ を1分以内に
約分せよ

問題 04 公式の証明から学ぶ ── 約分

$$\frac{57962}{177459}$$ を約分せよ

（2022　京都教育大・改）

問題 05 この約分問題ができれば、
あとはもう怖くない ── 約分

$$\frac{148953}{298767}$$ を約分せよ

（2017　横浜市立大学「医学部」・改）

CHAPTER 2
神速・解答 編

問題 06 6の不思議な計算 —— 速算術 73

$$6666^2 を秒で求めよ$$

問題 07 計算が速くなるインド式計算 —— 速算術 81

$$5609 を素因数分解せよ$$
$$5609 = ? \times △$$

問題 08 直角三角形の辺の長さを即計算する裏技 93
—— 速算術

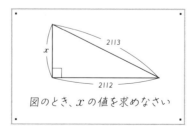

図のとき、x の値を求めなさい

問題 09 「あること」に気がつけば一瞬 ・・・・・・ 99
―― 数式計算の工夫

$$\frac{14^3+21^3+28^3+35^3}{14\times21\times28\times35}$$

を約分し、既約分数にせよ

(2006 慶應義塾高校)

問題 10 変形したら一瞬で解ける ・・・・・・ 103
―― 数式計算の工夫

$x=\dfrac{3+\sqrt{13}}{2}$ のとき、$\dfrac{x^{10}-1}{x^5}$ の
値を計算しなさい

(2013 福島大学)

問題 11 9割の人がミスする良問 ―― 整数問題 ・・・・・・ 111

$35x+21y+60z=665$ を満たす
自然数の組 (x, y, z) を
全く求めよ

問題 12 1分で解ける奇跡の京大問題
―― 整数問題

$\cdots\cdots$ 123

$n^3 - 7n + 9$ が
素数となるような
整数 n を全て求めよ

（2018　京都大学）

問題 13 見事すぎる2解答 ―― 整数問題

$\cdots\cdots$ 133

p が素数ならば
$p^4 + 14$ は素数でないことを示せ
＜2通りの解法で解け＞

（2021　京都大学・改）

CHAPTER **3**

快・解法 編

問題 14 嘘つきは誰？ ―― 全年齢挑戦問題

$\cdots\cdots$ 145

Aさん、Bさん、Cさんから
正直者、嘘つきを当てなさい

A「3人とも嘘つきだ」
B「2人が嘘つきだ」
C「1人だけが嘘つきだ」

（2008　千葉科学大学・改）

問題 15 一見複雑な3乗根問題 ── ルート問題 151

$$\sqrt[3]{\sqrt{\frac{28}{27}}+1} - \sqrt[3]{\sqrt{\frac{28}{27}}-1}$$
の値を求めよ

(2002 大阪教育大・改)

問題 16 発想が天才すぎる解法 ── ルート問題 157

$$f(x) = \sqrt{x^2-2x+2} + \sqrt{x^2-6x+13}$$
の最小値を求めよ

(x は実数)

問題 17 引っかけ注意の感動解法 ── 整数問題 165

$$2^a + 4^b + 8^c = 328$$
を満たす自然数の組 (a, b, c) を
全て求めよ

問題 18 中学生でも京大入試が解ける裏技
—— 確率・場合の数

· · · · · · 181

> 1歩で1段、または2段の
> いずれかで階段を昇るとき
> (2段連続は不可)、15段の階段を
> 昇る昇り方は何通りか
>
> （2007　京都大学・改）

問題 19 高1・文系も満点がとれる良問
—— 確率・場合の数

· · · · · · 193

> サイコロを n 個同時に投げるとき、
> 出た目の数の和が $n+3$ になる
> 確率を求めよ

CHAPTER 4

鬼・難問 編

問題 20 別解が面白すぎる高校入試問題

· · · · · · 205

> $a^2 + b^2 + c^2 + d^2 = 7225$
> を満たす自然数の組
> (a, b, c, d) を1組求めよ
>
> （2023　昭和学院秀英高校・改）

問題 21 パッと見て諦めたくなる問題 ⋯⋯ 217

$$\left(\sqrt{2}\right)^{\sqrt{2}}\text{の小数第一位を求めよ}$$
$(\sqrt{2}=1.41$ としてもよい$)$

問題 22 整数問題の最高傑作 ⋯⋯ 227

$$a^2+b^2+c^2=292\text{ を満たすとき、}$$
$$\text{自然数の組 }(a,\ b,\ c)\text{ を求めよ}$$

問題 23 最上位ランクの整数難問題 ⋯⋯ 239

$$3^n=k^2-40\text{ を満たす}$$
$$\text{正の整数の組 }(k,\ n)\text{ を全て求めよ}$$
$(2010\ \text{千葉大})$

CHAPTER 5
伝説級の良問5選

問題 24
**中学生でも解ける？
名古屋大の図形問題**
······ 251

> 正方形ABCDの内部に
> 点Pがある。
> AP = 7、BP = 5、CP = 1のとき、
> 正方形の面積を求めよ
>
> （1963　名古屋大・改）

問題 25
2行で証明完了の東大論証問題
······ 263

> $x^3 + y^3 + z^3 = xyz$
> を満たす正の実数の組
> (x, y, z) は
> 存在しないことを示せ
>
> （2006　東京大学・改）

問題 26
誘導つきで解く東北大問題
······ 275

> 整数 a, b は $3^a - 2^b = 1$ ······①
> を満たしているとする
> (1) a, b はともに正となることを示せ
> (2) $b > 1$ ならば、a は偶数であることを示せ
> (3) ①を満たす整数の組 (a, b) を全てあげよ
>
> （2018　東北大学・改）

問題 27 落とし穴注意！ クセの強い京大問題　　…… 289

$$a^3 - b^3 = 65$$

を満たす整数の組 (a, b) を
全て求めよ

(2005　京都大学)

問題 28 4通りの解法で解く最後の難問　　…… 301

e^π と 21 はどちらが大きいか

(1999　東京大学・改)

おわりに ……316

装丁・本文デザイン　山崎綾子(dig)
DTP　Re-Cre Design Works
校正　メビウス

CHAPTER 1

小・中学生も解きたくなる良問 編

小学生も解ける?!
面白い京大入試——パズル・思考系

$$abcdef$$
$$\times \quad 2$$
$$\overline{cdefab}$$

このとき $abcdef$ を求めよ

(1957　京都大学・改)

1957年に出題された京大入試です。
小学算数の知識で解ける面白い問題です。
しかし、「ある引っ掛け」が隠されていますよ。

\ ヒント /

　2を掛けても桁数が変わらないこと、$a \sim f$ に入る数字が0〜9である（ただし、a や c は0でない）ことに注目。すると、a の範囲が絞れそうですね。また、6種類の文字ではなく、視点を変えてカタマリで考えると何かが見えてくるはずです。

小・中学生も解きたくなる良問編

✅ [ヒント1/4] 問題の見方

まずは与えられている条件から範囲を絞っていきましょう。

$abcdef$ には、0から9までの数字が入ることはわかります。ですが、a や c は0ではないことに注意しましょう。先頭の文字は0ではないからです。

それから、$f×2$ なので b は偶数であることがわかります。
さらに「$abcdef$」に2を掛けた「$cdefab$」がちょうど6桁で、桁数が変わらない。
これがどういうヒントになっているでしょうか？

それは「$a×2$ の解が2桁にならない」ということです。
もしも a が5以上であれば、桁数が増えてしまうからです。
そのため、a は1から4だとわかりますね。

$$\begin{array}{r} abcdef \\ \times 2 \\ \hline cdefab \end{array}$$

$b = 2, 4, 6, 8, 0$
$2a < 10$ より $a = 1, 2, 3, 4$

面白いのはここからです！

✅ [ヒント2/4] 解法

さらによく見ると、実は「$abcdef$」と「$cdefab$」は、「ab」と「$cdef$」のカタマリになっています。
6つの文字をそれぞれ考える問題と見せかけて、実は2つのカタマリに注目することがヒントになる問題なんですね。

| 01 小学生も解ける?! 面白い京大入試 ——パズル・思考系

カタマリがあったら何をするか。

それは「**カタマリを文字におきかえてみる**」とよさそうですね。

$ab = $ A、$cdef = $ B におきかえてみましょう。

すると、「$abcdef$」と「$cdefab$」はこうなりますね。

$$abcdef \quad \Rightarrow \quad 10000A + B$$
$$cdefab \quad \Rightarrow \quad 100B + A$$

すると、「$10000A + B$」の2倍が「$100B + A$」となりました。

一気に求める文字が6文字から2文字になりましたね。

あとはA、Bを求めていきましょう。

✔ [ヒント3/4] 解法

ここからどうするか。

まずは式を整理しましょう。

$$(10000A + B) \times 2 = 100B + A$$
$$19999A = 98B$$

両辺の19999と98の約数を探して数を小さくしましょう。

まず98は、$98 - 2 \times 7 \times 7$ ですわ。

19999は、「おそらく7で割れそうだ」と考えます。

実際に両辺を7で割ってみましょう。

$$2857A = 14B$$

— 29 —

小・中学生も解きたくなる良問編

先ほどより小さい数になりましたね。

2857も、7で割り切れるか考えます。

2857 = 2800 + 57と考えると、2800は7で割り切れますが、57は7で割り切れないので、2857は7で割り切れないとわかります。

つまり、2857と14は互いに素（2857と14の最大公約数は1）になります。

2857と14は互いに素なので
Aは14の倍数
Bは2857の倍数

✓ [ヒント4/4] 解法

あとは、A、Bの候補になる数字を探していくだけです。

まず、Aはabをおきかえたものですから、2桁で14の倍数なので候補は「14、28、42、56、70、84、98」です。候補が7通りもあるので、Aから当てはめてBを解くのは大変そうですね。

では、Bはどうでしょうか。

Bは$cdef$のおきかえなのでこちらのほうが簡単に絞れそうです。Bは4桁の2857の倍数なので、候補は次の3つになります。

2857 × 1 (= 2857) ……①
2857 × 2 (= 5714) ……②
2857 × 3 (= 8571) ……③

①〜③のときAはどうなるでしょうか。

$$B = 2857 \text{ のとき, } A = 14$$
$$B = 5714 \text{ のとき, } A = 28$$
$$B = 8571 \text{ のとき, } A = 42$$

よって答えは $\underline{abcdef = 142857, \ 285714, \ 428571}$ です。答え方は $\underline{(a, \ b, \ c, \ d, \ e, \ f) = (1, \ 4, \ 2, \ 8, \ 5, \ 7) \ (2, \ 8, \ 5, \ 7, \ 1, \ 4)}$ $\underline{(4, \ 2, \ 8, \ 5, \ 7, \ 1)}$ としても OK です。

✔[ポイント]

せっかくなので、この問題を別の視点で深掘りしてみましょう。

142857 を見て何か思いつくでしょうか。

実はこれ、「ある有名な数字」なのです。

または、答えの3つの数字に何か規則性を感じませんか？

142857 を1倍したら 142857
142857 を2倍したら 285714
142857 を3倍したら 428571
142857 を4倍したら 571428
142857 を5倍したら 714285

1・4・2・8・5・7 でそれぞれの数がズレていますよね。確かに規則性ありそうです。ヒントは**循環小数**です。さらに続けます。

142857 を6倍したら 857142
142857 を7倍したら 999999

— 31 —

CHAPTER 1　小・中学生も解きたくなる良問編

　ここで視点を変えて小数で考えてみると、0.142857を7倍したら、0.999999になります。

　このようにして、実は次のようなことがわかります。

$$0.142857\cdots\cdots = \frac{1}{7}$$

　答えは142857、285714、428571ですが、それぞれ $\frac{1}{7}$、$\frac{2}{7}$、$\frac{3}{7}$ の小数部分のくり返しと同じ数字と考えられます。

　今回伝えたかったのは、問題を解くだけで終わらせず、「プラスアルファ」の深掘りをすることで数の面白さを発見できたということです。

　さらにいうと、数の面白さの理解が計算力とか暗算力アップにもつながってくるので、ここから先も本書を通じて、数学の面白さを味わってみてください！

答え

$$\begin{array}{r} abcdef \\ \times \quad 2 \\ \hline cdefab \end{array}$$
($abcdef$ を求めよ)

$ab = A$, $cdef = B$ とすると

$abcdef = 10000A + B$

$cdefab = 100B + A$

と表せる。

$(10000A + B) \times 2 = 100B + A$

$19999A = 98B$

$2857A = 14B$

2857 と 14 は互いに素より B は 2857 の倍数

B は 4桁であることに注意して

B を求めると、次の①〜③になる。

$2857 \times 1 \ (= 2857)$ …①

$2857 \times 2 \ (= 5714)$ …②

$2857 \times 3 \ (= 8571)$ …③

①〜③のとき、A はそれぞれ

$A = 14, 28, 42$ となる。

よって答えは

$abcdef = 142857, 285714, 428571$

\解説動画は/
こちら！

問題

02

わけがわかる
カレンダー問題——パズル・思考系

今日は金曜日である。

5^{100}日後は何曜日か

（2017　名古屋女子大・改）

　今回はカレンダーの問題です。高校数学レベルの考え方ではありますが、「余りの周期性」というテーマに関しては中学入試でも出されています。ある種、小学生も解ける大学入試問題。子どもと大人で一緒に考えられる問題です。

＼ヒント／

　5^{100}日後というのがわかりづらいですね。一度、具体的な数でおきかえてみましょう。例えば、9日後は何曜日になりますか？　14日後では……？　実験を重ねるなかで規則性を見つけていくと解けるかもしれません。

☑ [ヒント1/6] 問題の見方

まずは与えられている条件から範囲を絞っていきましょう。

例えば「今日は金曜日。7日後は何曜日ですか？」と問われたら、曜日は7日ごとにくり返すので、金曜日の7日後も金曜日ですよね。

では、「金曜日の9日後は？」と問われたら？

7日後が金曜日、9日後はその2日後なので日曜日ですね。
考え方は7で割った余りの分だけ曜日が進むわけです。

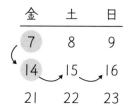

カレンダー問題は7で割った余りを考えればいいことになります。このように規則性がわかるとシンプルに解くことができますね。

実は、この名古屋女子大学の問題は、5^{100} 日後の曜日を問うものを含めて4問あるんです。例題として解いてみましょう。

まず1問目がこちら。

02 わけがわかるカレンダー問題 —— パズル・思考系

☑ [ヒント2/6] 例題①

金曜日の7^{50}日後は、何曜日?

7^{50}は明らかに7の倍数なので<u>金曜日</u>ですね。
「○(7の倍数)日後」は、必ず同じ曜日になるからです。
では次、2問目。

☑ [ヒント3/6] 例題②

金曜日の8^{50}日後は、何曜日?

「7の倍数にならない。50乗をどう解けばいいのか」とパニックに
なってしまうかもしれません。$8^{50} \div 7$を真面目に計算してはとんで
もなく大変です。

ここで発想が大切になります。
発想とは、高校数学で学習するmod(**合同式**)を使うということ。
そこでまずは、「ナントカ乗」と書いてある中身を7とそれ以外に
分割します。つまり、8^{50}を$(7 + 1)^{50}$にします。

modを使うと、「$(7 + 1)^{50}$を7で割った余り」の中身の7をなくし
てもいいのです。すなわち、「$8^{50} = (7 + 1)^{50}$を7で割った余り」は、
「1^{50}を7で割った余り」と同じになるわけです。

— 37 —

CHAPTER 1 　小・中学生も解きたくなる良問編

$$8^{50} = (7+1)^{50}$$
$$\equiv 1^{50} \ (mod \ 7)$$

1^{50} はもちろん 1 ですね。

ということで、8^{50} を 7 で割った余りは 1 になります。

例題②の答えは、金曜日の 1 日後の土曜日です。

ただ、mod を使わなくても「**余りの周期性**」でもわかります。

8 の倍数を 7 で割って周期性を確認してみましょう。

$$8^1 = 8 \qquad 8 \div 7 = 1 \qquad 余り1$$
$$8^2 = 64 \qquad 64 \div 7 = 9 \qquad 余り1$$
$$8^3 = 512 \qquad 512 \div 7 = 73 \qquad 余り1$$

このように続くので 8^{50} を 7 で割った余りは 1 と推測できます。

次の例題③はどうでしょうか?

せっかくなので mod を使った発想を試していきましょう!

✅ [ヒント4/6] 例題③

金曜日の 11^{100} 日後は何曜日?

— 38 —

さっきと同じようにmodを使った発想で考えましょう。

$$11^{100} = (7+4)^{100}$$
$$\equiv 4^{100} \ (mod \ 7)$$

次は例題②のように余りの周期性を考えてみます。
意外にパッと求めることができるんです。
これらを7で割ったときの余りを考えます。

$$4^1 = 4 \qquad 4 \div 7 = 0 \qquad \text{余り } 4$$
$$4^2 = 16 \qquad 16 \div 7 = 2 \qquad \text{余り } 2$$
$$4^3 = 64 \qquad 64 \div 7 = 9 \qquad \text{余り } 1$$
$$4^4 = 256 \qquad 256 \div 7 = 36 \qquad \text{余り } 4$$

余りが4、2、1とあって、次にまた4がきましたね。
実はこの後も4、2、1、4、2、1……が続くことがわかります。
理由は次の補足でお伝えします。

【補足】
「4の累乗を7で割った余り」を考えるとこうなります。

$$4^1 = 4 \qquad 4 = 0 \times 7 + 4 \qquad \text{余り } 4$$
$$4^2 = 16 \qquad 16 = 2 \times 7 + 2 \qquad \text{余り } 2$$
$$4^3 = 64 \qquad 64 = 9 \times 7 + 1 \qquad \text{余り } 1$$

続いて 4^4 を考えます。

4^4（$= 256$）は、4^3（$= 64$）に 4 を掛けたものですよね。

$$4^4 = 64 \times 4$$
$$= (9 \times 7 + 1) \times 4$$
$$= 36 \times 7 + 4$$

36 × 7 は 7 の倍数

よって、余りが 4 になります。

見方を変えると、4^4（$= 256$）を 7 で割った余りは「64 を 7 で割った余りである 1」に、4 を掛けたものと捉えることができます。なので、余りは 4 になります。

このように計算していくと「4 の累乗を 7 で割った余り」は周期的だとわかります。

---

4 の累乗を 7 で割ったら余りは「4、2、1」の 3 つの数字の周期性があることがわかりました。4 の倍数、つまり、ナントカ乗の数字（指数）に注目して余りを整理すると、あることが見えてきます。

指数が 1 ： （4^1 を 7 で割った）余りは 4　……①
指数が 2 ： （4^2 を 7 で割った）余りは 2　……②
指数が 3 ： （4^3 を 7 で割った）余りは 1　……③
指数が 4 ： （4^4 を 7 で割った）余りは 4　……①
指数が 5 ： （4^5 を 7 で割った）余りは 2　……②
指数が 6 ： （4^6 を 7 で割った）余りは 1　……③

02 わけがわかるカレンダー問題 ——パズル・思考系

いかがでしょうか？　次のことが見えてきませんか？

(①) 指数が3で割って1余るとき　→　7で割った余りは4
(②) 指数が3で割って2余るとき　→　7で割った余りは2
(③) 指数が3で割り切れるとき　→　7で割った余りは1

これをヒントにして、例題を解いていきましょう。

$$11^{100} = (7+4)^{100}$$
$$\equiv 4^{100} \ (mod \ 7)$$

指数は100ですね。3で割って余りを確認しましょう。
$100 \div 3 = 33$　余り1なので（①）のときです。
つまり、4^{100}を7で割った余りは4であることがわかります。
ということで、答えは金曜日から4日後、<u>火曜日</u>です。

このようにしたら本題も解けそうじゃないですか？

✓ [ヒント5/6] 改めて本題

金曜日の 5^{100} 日後は何曜日？

2パターンで解いてみようと思います。まずはさっきの小学算数
の知識でもできる方法（余りの周期性）で行います。そのあと、高校
数学の知識を用いた面白い解法をお伝えします。

— 41 —

先ほどと同様に考えてみましょう。

$5^1 (= 5)$　　$5 ÷ 7 = 0$　　余り5
$5^2 (= 25)$　　$25 ÷ 7 = 3$　　余り4
$5^3 (= 125)$　　$125 ÷ 7 = 17$　　余り6
$5^4 (= 625)$　　$625 ÷ 7 = ？？？$
$5^5 (= 3125)$　　$3125 ÷ 7 = ？？？$

かなり計算しづらいと思います。

そこで例題③の補足を思い出してください。

余りだけを考えることもできるということです。

5^1 を7で割ったら余りは5ですね。計算は次の通りです。

$$5^1 = (0 × 7) + 5$$

5^2 を7で割ったら余りは4。

$$
\begin{aligned}
5^2 &= 5^1 × 5 \\
&= \{(0 × 7) + 5\} × 5 \\
&= 25 \\
&= \cancel{(3 × 7)} + 4
\end{aligned}
$$

（3 × 7）は
7の倍数

5^3 はいかがでしょう。7で割ったら余りが6ですね。

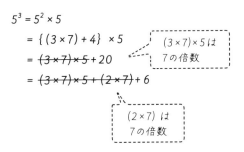

この要領で、5^4 も考えていきたいところですが、だんだんやり方が見えてきたのではないでしょうか。

省略して書くと、$5^4 \div 7$ の余りは「5^3 の余りである6」に5を掛けたものをさらに7で割ればいいわけです。

つまり、30を7で割った余りの2が、5^4 の余り。

以下、同様にしたらどうなるでしょうか。

$5^5 : 2 \times 5 = 10$　10を7で割った余りは3
$5^6 : 3 \times 5 = 15$　15を7で割った余りは1
$5^7 : 1 \times 5 = 5$　5を7で割った余りは5

余りが5に戻りましたね。つまり、指数と余りは「5、4、6、2、3、1」の6つの周期だとわかりました。

ということは、指数と7で割ったときの余りの周期性は次のようになりますね。

指数が6で割って1余るとき　⇒　7で割った余りが5……①
指数が6で割って2余るとき　⇒　7で割った余りが4……②
指数が6で割って3余るとき　⇒　7で割った余りが6……③
指数が6で割って4余るとき　⇒　7で割った余りが2……④

小・中学生も解きたくなる良問編

指数が6で割って5余るとき　⇒　7で割った余りが3……⑤
指数が6で割り切れるとき　⇒　7で割った余りが1……⑥

さて、いよいよ問題の5^{100}日後を解きましょう。

指数を余りの周期6で割ってみましょう。

$100 = 6 \times 16 + 4$ですから、100を6で割ると4余る。

つまり、（④）なので、5^{100}を7で割ると2余るとわかりました。

答えは、金曜日から2日後なので<u>日曜日</u>です。

これが、小学生でも解ける方法です。

でも、小学算数の知識だけでは、かなり難しい問題かもしれません。5^6あたりなんて、真面目に計算していたら桁数が多くなって大変です。ポイントは余りだけに注目して、それに5を掛けて7で割るのでもOKなんだということです。

では、高校数学ならどう考えるか？

✓［ヒント6/6］　解法2

まず、高校数学で何をするかというと、modです。

5^{100}は$(7-2)^{100}$ですよね。

つまり$(-2)^{100}$になります。

ちなみにmodの世界では負の数も考えられます。これが大切！

$(-2)^2 = 4$としてマイナスを消すと4^{50}になります。

まとめます。

02 わけがわかるカレンダー問題 ―― パズル・思考系

$$5^{100}日後は?$$
$$\rightarrow \quad 5^{100} \equiv (7-2)^{100}$$
$$\equiv (-2)^{100}$$
$$\equiv 4^{50}$$

4^{50}は例題③でみた形ですね！

4の累乗に関しては、7で割った余りを出しましたよね。

50は3で割って2余るということは、P41の（②）と同じ。

余りの周期性より「4、2、1、4、2、1」になるため、
$$4^{50} \equiv 2 \, (mod \; 7)$$

ということで、4^{50}をmod 7で考えると、余りの周期性より2になります。よって答えは<u>日曜日</u>というわけです。

✔ [ポイント]

いかがでしたか？

今回の問題は、実は数式変形だけでも答えられるかもしれません。ただ、余りの周期性という発想で解けるのが面白い。

ちなみに、高校数学で習う漸化式と余りの問題でもこの周期性が使えます。漸化式の場合は、modだけで計算するよりも、この周期性を見つけるほうが簡単だったりします。

今回、小学算数のほうが難しかったかもしれません。高校数学では$5^{100} \equiv (-2)^{100}$のようにマイナスにする発想とか、余りの周期性とかを自由自在に使えると、より数学を解くのが楽しくなるはずです。

答え

今日は金曜日である。
5^{100}日後は何曜日か

〈解1〉 周期性を利用して解く。

5^{100} を 7で割った余りを考える。

	7で割った余り
$5^1 = 5$	5
$5^2 = 25$	4
$5^3 = 125$	6
$5^4 = 5^3 \times 5$	2
$5^5 = 5^4 \times 5$	3
$5^6 = 5^5 \times 5$	1
$5^7 = 5^6 \times 5$	5
	⋮

5^n を割った余りは「5. 4. 6. 2. 3. 1」をくり返す。
（n: 自然数）

m を 0 以上の整数とに

$n = 6m+1$ のとき	5^n を 7で割った余りは	5
$n = 6m+2$ 〃	〃	4
$n = 6m+3$ 〃	〃	6
$n = 6m+4$ 〃	〃	2
$n = 6m+5$ 〃	〃	3
$n = 6m+6$ 〃	〃	1

となることがわかる。

5^{100} について. $100 = 6 \times 16 + 4$ より

5^{100} を 7で割った余りは 2 とわかる。

以上より 5^{100}日後は 金曜日から 2日後の <u>日曜日</u>

〈解2〉 modを用いて解く。

5^{100} を7で割った余りを考える。

$$5^{100} = (5^2)^{50} = 25^{50}$$
$$\equiv 4^{50} \pmod{7} \quad (\because 25 = 7 \times 3 + 4)$$
$$\equiv (4^3)^{16} \cdot 4^2$$
$$\equiv 64^{16} \cdot 16 \quad (\because 64 = 7 \times 9 + 1,\ 16 = 7 \times 2 + 2)$$
$$\equiv 1^{16} \cdot 2$$
$$\equiv 2 \pmod{7}$$

∴ 5^{100} を7で割った余りは 2 とわかる。

以上より 5^{100} 日後は 金曜日 から 2日後の <u>日曜日</u>

問題

03

桁の多い分数でも、
発想ひとつ！——約分

$$\frac{4043}{9641} \text{を１分以内に}$$
$$\text{約分せよ}$$

　今回は約分の問題です。このような$\frac{4桁}{4桁}$は難しそうですよね。

　ですが、視点を変えるだけで1分以内に解くことができます。小学生や中学生でもわかる解説でいきたいと思います。

\ ヒント /

　約分は、分子と分母が何で割れるかを考えないといけない。でも何で割れるかわからない数（特に奇数）になると苦戦しますよね。視点を変えましょう。足し算して1になる、もう1つの分数を考えてみる。すると分子が○○になります。

— 49 —

✓ [ヒント1/2] 問題の見方

約分で大変なのは $\frac{奇数}{奇数}$ ですよね。しかも、$\frac{4桁}{4桁}$。分母の9641は3でも、7でも、11でも割り切れそうにない。悩みますが、ここは発想の転換！ **次のようにする裏技**があるんです。

$$\frac{奇数}{奇数} \rightarrow \frac{偶数}{奇数} \text{ に変形}$$

実際にどうやって変形するかというと、次のように考えます。

$$\frac{4043}{9641} = 1 - \frac{\Box}{9641}$$

簡単に言うと「**1から引いて分母－分子をつくる**」わけです。
9641 － 4043をすると5598になりますね。

$$\frac{4043}{9641} = 1 - \frac{5598}{9641}$$

```
  9641
- 4043
  5598
```

なぜこんなことができるかというと、こうだからです。

$$\frac{4043}{9641} + \frac{5598}{9641} = 1$$

この裏技を使ってどんないいことがあるか。

もし、$\frac{5598}{9641}$ が約分できるなら $\frac{4043}{9641}$ も約分できるからです。

なぜかというと、仮に $\frac{5598}{9641}$ を約分して $\frac{4}{7}$ にできるとしたら、$\frac{4043}{9641}$ は $\frac{3}{7}$ になるわけですから。

ということで、$\frac{5598}{9641}$ で考えます。

☑ [ヒント2/2] 解法

$$\frac{5598}{9641} \text{ を約分しよう}$$

さて、まずは分子の 5598 を見ていきましょう。

まずは桁の数字を足してみます。

5 + 5 + 9 + 8 = 27。9の倍数なので9で割れます。

5598 ÷ 9 = 622。偶数なので2で割ると311になりました。

つまり、このようになるわけです。

$$5598 = 2 \times 3^2 \times 311$$

小・中学生も解きたくなる良問編

次に分母の9641を見ていきます。

分子のように2でも割り切れず、3でも割り切れそうにない。

唯一の希望は「約分できるとしたら、9641って311で割り切れるんじゃないか」って予想できませんか？

実際にやってみましょう。

9641 ÷ 311 = 31です。ちゃんと割り切れました。

つまり、9641は311 × 31だったんですね。

ということは、分母、分子を311で約分しましょう。

すると、$\frac{18}{31}$になります。

最後に順を追って答えを表します。

$$\frac{4043}{9641} = 1 - \frac{5598}{9641}$$
$$= 1 - \frac{18}{31}$$
$$= \frac{13}{31}$$

答えが$\frac{13}{31}$になってフィニッシュです。

✓ [ポイント]

困難に出会ったときこそ「視点を変えてみる」ことの重要性を学べる1問でしたね！

答え

$$\boxed{\dfrac{4043}{9641} \text{ を約分せよ}}$$

$$\dfrac{4043}{9641} = \dfrac{9641 - 5598}{9641}$$
$$= 1 - \dfrac{5598}{9641}$$

ここで $5598 = 2 \cdot 3^2 \cdot 311$ であることが分かる

$$\left(\begin{array}{r} 2\,)\,\underline{5598} \\ 9\,)\,\underline{2799} \\ 311 \end{array} \right)$$

また $9641 = 311 \times 31$ より

$$\left(311\,\overline{)\,\begin{array}{r} 31 \\ 9641 \\ \underline{933} \\ 311 \end{array}} \right)$$

$$\dfrac{5598}{9641} = \dfrac{2 \cdot 3^2 \cdot 311}{31 \cdot 311} = \dfrac{18}{31}$$

よって $\dfrac{4043}{9641} = 1 - \dfrac{18}{31} = \underline{\dfrac{13}{31}}$

問題

04

公式の証明から学ぶ
—— 約分

$$\frac{57962}{177459} \text{ を約分せよ}$$

（2022　京都教育大・改）

　この約分問題を解くだけなら、多くの人が解けると思います。

　実際の問題は分母と分子の数の最大公約数を求めるものですが、ただ解けばいいというよりは、1問から無数の学びを得てほしいので、今回はあえて改題しました。

＼ ヒント ／

　約分というのは具体的に何をすることなのかを考えてみることが大事です。5桁でも6桁でも桁数が増えたときに使える公式はご存知ですか？

－ 55 －

小・中学生も解きたくなる良問編

☑ [ヒント1/3] 問題の見方

本題に入る前に、先ほどの問題でも行いましたが、そもそも「約分とは何か」言えるでしょうか?

約分というのは、「分数の分母と分子を同じ数(公約数)で割って、分母の小さい分数にすること」ですね。分母と分子を割れる最大の数(公約数)というのが、分母と分子の最大公約数のことですね。
つまり、約分は最大公約数を考えることが大切になります。

そして最大公約数を求めるために、**ユークリッドの互除法**を使うわけです。
今回はあえてユークリッドの互除法で用いる定理をちゃんと証明しましょう。
そうやって1問から無数の学びを得ていただけたらと思います。
特に証明で大事なのは「アプローチ」を学ぶこと。何を隠そう、私はこの定理の証明がかなり好きなんです。何がいいかって、このアプローチからいろいろな考え方や本質を学べるからです。

> アプローチから
> 数学の考え方、本質が学べる

◎定理や公式は"証明"できるように!
今回は次の考え方を丁寧に深掘りしよう!

　　　約分　→　最大公約数　→　ユークリッドの互除法

証明をしていきますが、まずは次の問題を考えてみましょう。
等式「A = B」を示すにはどんな証明法があげられますか?

覚えておいてほしいのは3パターンです。

$$\langle A = B を示せ \rangle$$
$$① A - B = \cdots = 0 \quad よって A = B$$
$$② A = \cdots = C, \ B = \cdots = C$$
$$よって A = B$$

1つめのパターンが「左辺 − 右辺(A − B)を計算して0になる」ことを確かめる方法ですよね。

2つめのパターンが「左辺(A)と右辺(B)を別々に計算して同じ形(C)になる」という方法もありますね。

最後の3つめのパターンがこれです。この考え方が今回のユークリッドの互除法で用いる定理の証明に込められています。

$$\langle A = B を示せ \rangle$$
$$③ A \geqq B \quad かつ \quad A \leqq B \quad を示す$$
$$よって A = B$$

日本語に直すと「AはB以上」かつ「AはB以下」ということ。

どちらも成り立つのであれば必ずA = Bになりますよね。

(例えば、私の身長が一方で173.0cm以上と言われ、もう一方で173.0cm以下と言われたら、それは173.0cmしかありえないわけです)

このような発想に出会う機会は少ないですよね。ですが、こういう一見よくわからない閃きが、ユークリッドの互除法の証明の中に隠されているわけです。

ポイントは**「証明の過程にこそ、宝が隠されている」**ことに気づ

小・中学生も解きたくなる良問編

くこと。ただ定理や公式の証明を丸暗記するのではなく、証明の中で「おもろいやん！」という解法、発想、本質が学べるんです。

こうした深掘りを楽しむことで、何か同じような発想を使う証明を見たとき、「これってユークリッドの互除法と同じだ！」って思えるはずです。そうした積み重ねで知識のネットワークが広がると思うのです。問題に向かうときも、類似性を意識することで、ちゃんと最適解が見えてくるはずです。

改めてユークリッドの互除法で用いる定理の証明にはこういう発想が出てくることを、感動とともに覚えておいてください。

☑ [ヒント2/3] ユークリッドの互除法で用いる定理の証明

さてユークリッドの互除法で用いる定理の証明をしていきましょう。まず割り算と最大公約数についての定理を確認しましょう。

〈定理〉
2つの正の整数 a、b ($a > b$) について、
a を b で割った商を q、余りを r とすると
$a = bq + r$ と表せる。

a と b の最大公約数は、b と r の最大公約数に等しい。

つまり $a = bq + r$ という式を満たすとき、a と b の最大公約数は b と r の最大公約数に等しいですよ、と。ユークリッドの互除法の基礎となる考え方です。

この操作をくり返して2つの自然数 a、b の最大公約数を求める方法をユークリッドの互除法といいます。

多くの人がなかなか説明できない定理や**ユークリッドの互除法を言語化すること**は大事なことです。

余談ですが、「数学を学ぶ」というより、数学を通じて「考え方」とか、「発想」「本質」を学ぶ。こうした考え方は、ふだんの生活でも活きてくると私は思うのです。

では、定理を証明していきますが、数学の証明って正直、数式を使わずに日本語だけで書き連ねるのは長くなりやすい。そのため、できる限り、数式を用いてコンパクトにします。

まずは、最大公約数を次のようにおきますね。

$$a と b の最大公約数を gcd\ (a,\ b)$$
$$b と r の最大公約数を gcd\ (b,\ r)$$

「gcd」とは、greatest common divisor（最大公約数）のこと。

「a と b の最大公約数を m」「b と r の最大公約数を n」とおいて、$gcd\ (a,\ b)$ と $gcd\ (b,\ r)$ が等しいことを示しましょう。

$$〈証明〉gcd\ (a,\ b) = m$$
$$gcd\ (b,\ r) = n \quad とおくとき$$
$$m = n を示す$$

いきなりは示せないので、まずこの式を考えてみます。

$$a = bq + r$$

CHAPTER 1 小・中学生も解きたくなる良問編

大事なのが、「約数」「公約数」の意味もふまえて考えることです。
「a と b の最大公約数が m」なので「a と b は m の倍数」である。
同様に「b と r は n の倍数」です。
ということは、b は m でも n でも割り切れるわけですね。

「b と r が n の倍数」ということは、「a も n の倍数」ですよね。
つまり、b も n で割れて、a が n で割れる。

さらに、「a も b も n の倍数」ということは「a、b の公約数が n」となるわけですね。

$$a = bq + r \equiv 0 \,(\mathrm{mod}\ n)$$
$$\text{よって、} n \text{ は } a \text{ の約数であり、} a \text{ と } b \text{ の公約数となる。}$$

でも、こういうわけではありませんよ。

$$gcd\ (a,\ b) = n$$

$gcd\ (a,\ b)$、つまり m は a と b の「最大」公約数。
n は a と b の公約数です（つまり n は最大公約数ではありません）。
ということは、こういうことがわかるんじゃないですか？

$$n \leq m \quad \cdots\cdots ①$$

まず、$a = bq + r$ から、$n \leq m$ が導けました。
今のは、a に注目して導いたんですね。
次は、視点を変えて b か r に注目したい。

— 60 —

r を移項してこのようにして考えましょう。

$$r = a - bq \equiv 0 \pmod{m}$$

「a、b の最大公約数が m」ということで「a と b は m の倍数」。ということは、「r も m の倍数」。つまり、こういえますね。

「m は r の約数」であり、「m は b と r の公約数」となる。

ただ、「b と r の最大公約数は n」でしたよね。
ということは、次のようにいえませんか?

$$m \leq n \quad \cdots\cdots ②$$

①と②から、次のことが示せました。

$$①、②より m = n$$

いかがだったでしょうか。
いろんな学びがあったのではないでしょうか。
特に私が大事だと思うのは、この「$m \leq n$ かつ $m \geq n$」で $m = n$ を示す解法。前述した普通の解法パターンではないからこそ、感動と共に記憶に残ると思います。

あとは「公約数」と「最大公約数」の区別をちゃんとするところですね。ここまでしてから約分をするわけです。

小・中学生も解きたくなる良問編

さて、本題に戻ってお待ちかねの約分をしましょうか。
問題を解くだけなら、すぐに終わります。

✓ [ヒント3/3] 改めて本題

$$\frac{57962}{177459} \text{を約分せよ}$$

問題を素因数分解して解くのは大変そうですね。
ユークリッドの互除法を使う前に復習しましょう。

そもそも約分は、2つの数の最大公約数を1にしたい。
つまり、2つの数の最大公約数が出れば一発で約分できる。
最大公約数を出すには、ユークリッドの互除法を使えばいい、ということです。

約分 → 最大公約数 → ユークリッドの互除法

まず、方針としては、それぞれの最大公約数を出しましょう。
最大公約数をこう書きます。

$$gcd\ (177459,\ 57962)$$

先ほども記号を使いましたが、ユークリッドの互除法を使う場合は次のような形で使えるようにしてほしいです。

$$gcd\ (a,\ b) = gcd\ (b,\ a - kb)$$

　どういうことかというと、aからbのk倍を引いた数を考えても最大公約数は求められるということです。

　この「$a - kb$」というのが、先ほどの証明でいう「r」です。

　「aとbの最大公約数」が、「bとrの最大公約数」でしたよね。

　今回は177459から、57962の何倍かを引けばいいわけです。

　例えば、57962を3倍しましょう（173886になる）。

　これを177459から引くと3573ですね。

　まとめるとこうなります。

$$
\begin{array}{r}
57962 \\
\times\quad 3 \\
\hline
173886
\end{array}
\qquad
\begin{array}{r}
177459 \\
-\ 173886 \\
\hline
3573
\end{array}
$$

$$gcd\ (177459,\ 57962) = gcd\ (57962,\ 3573)$$

　次は、57962から3573の何倍かを引けばいいんです。

　いったん57962÷3573をします。

　すると商が16で、余りが794。

　この余りが$a - kb$のところに入るから、

$$
\begin{aligned}
gcd\ (177459,\ 57962) &= gcd\ (57962,\ 3573) \\
&= gcd\ (3573,\ 794)
\end{aligned}
$$

　では次、3573÷794をしましょう。

すると、商は4で余りは397でした。つまり、こうなります。

$$gcd\,(794, 397)$$

で、次は794です。
これは794 = 397 × 2になるので、余りが0になりました。

$$gcd\,(397, 0)$$

これで終わりです。
余りが0になったときの397が最大公約数になるわけです。
ということは、$\frac{57962}{177459}$ は397で約分できるということです。
では、177459と57962をそれぞれ「397×○」で表して答えます。

$$\frac{57962}{177459} = \frac{397 \times 146}{397 \times 447}$$
$$= \frac{146}{447}$$

これでフィニッシュです！

✓ [ポイント]

いかがでしたか？ ユークリッドの互除法を使うことで、分子と分母の最大公約数397というかなり大きな数字でも求めることができました。どんな分数でも使えてしまうのがこの定理の強みですね！ 証明もできるようにした上で積極的に使っていけたらと思います。

答え

$$\boxed{\dfrac{57962}{177459} \text{ を約分せよ}}$$

a と b の最大公約数を $\gcd(a,b)$ と記す。

$177459 = 57962 \times 3 + 3573$
$57962 = 3573 \times 16 + 794$
$3573 = 794 \times 4 + 397$
$794 = 397 \times 2 + 0$

ユークリッドの互除法より

$\begin{pmatrix} \gcd(177459, 57962) \\ = \gcd(57962, 3573) \\ = \gcd(3573, 794) \\ = \gcd(794, 397) \\ = \gcd(397, 0) \\ = 397 \end{pmatrix}$

177459 と 57962 の最大公約数は 397 であり

$177459 = 397 \times 447$
$57962 = 397 \times 146$ となるため

$$\dfrac{57962}{177459} = \underline{\dfrac{146}{447}}$$

($146 = 2 \times 73$ となるが、447 は 73 で割り切れないため、上記が答え)

\解説動画は/
こちら！

問題

05

この約分問題ができれば、
あとはもう怖くない──約分

$$\frac{148953}{298767} \text{を約分せよ}$$

（2017　横浜市立大学 [医学部]・改）

　今回の目標は、約分の解き方を自由自在に使いこなせるようになることです。基本のやり方は何がありましたか？　どんな約分問題が出たとしても解けるようにしていきましょう。

＼ヒント／

　これまで本書で扱ってきた約分の総合問題。さまざまなアプローチを考えて、状況に合わせて使い分けましょう！

小・中学生も解きたくなる良問編

✓ [ヒント1/3] 解法

今回は分母、分子のどっちも奇数。
まずは3で割れるか考えますよね。
各位の和が3の倍数であれば3で割れます。
各位の和が9の倍数であれば9で割れます。
各位を足し算してみましょう。

(分子) 148953 : 1 + 4 + 8 + 9 + 5 + 3 = 30
(分母) 298767 : 2 + 9 + 8 + 7 + 6 + 7 = 39

分母、分子とも3で割れそうです。3で割るとこうなります。

$$\frac{49651}{99589}$$

$\frac{5桁}{5桁}$ ですが、ここからどうするか。

✓ [ヒント2/3] 解法

ここからは高校数学。ユークリッドの互除法で考えます。
ユークリッドの互除法は最大公約数を出すためのツールでしたね。$gcd\ (a,\ b)$、つまり、a、bの最大公約数はbと余りrの最大公約数と等しいということ。これを使って解いていきましょう。

$$gcd\ (a,\ b) = gcd\ (b,\ r)$$

− 68 −

05 この約分問題ができれば、あとはもう怖くない —— 約分

まず、分母と分子の最大公約数を考えます。
「分子×2」をして、分母から引いて余りを求めてみます。
すると、こうなりました。

$$99589 = 49651 \times 2 + 287$$
$$(= 99302 + 287)$$

数字がいきなり小さくなりましたね。
最大公約数は287かもしれないと予想できます。
「99589と49651の最大公約数」は「49651と287の最大公約数と同じ」だとわかりました。

次は、49651と287を考えましょう。
49651÷287の割り算をして何倍かを求めましょうか。
すると、ちょうど割り切れました。

$$49651 = 287 \times 173 + 0$$

余りが0なので $gcd\,(99589,\ 49651) = gcd\,(49651,\ 287) = 287$ ということです。49651を 287×173 としましたが、99589も必ず287を約数にもつわけです。
分母を287で割り算して約分しましょう。

$$\frac{49651}{99589} = \frac{287 \times 173}{287 \times 347} = \frac{173}{347}$$

これで正解です。

— 69 —

小・中学生も解きたくなる良問編

✓ [ヒント3/3] 確認

もしかしたら、まだ何かで約分できるかもと思うかもしれません。そこで347と173でユークリッドの互除法をしてみてください。

すると、347 = 173 × 2 + 1 になります。

ユークリッドの互除法で、余りが1になった場合は、最大公約数が1、つまり互いに素ということです。つまり、これ以上約分できません。

ユークリッドの互除法は最大公約数を求めるだけではなくて、「互いに素」を示すのにも使えるテクニックでもあります。

✓ [ポイント]

今回も約分の問題でしたけども、ユークリッドの互除法が好きになる問題になったら嬉しいです。

このやり方自体、わかってしまえば小学生でもできるようになりますし、中学入試に出されてもおかしくありません。理解できた人は約分の問題を自分で作ってまわりの人にも出題してみてください。

答え

$$\boxed{\dfrac{148953}{298767} \text{ を約分せよ}}$$

$148953 = 3 \times 49651$
$298767 = 3 \times 99589$ より

$$\dfrac{148953}{298767} = \dfrac{49651}{99589}$$

ここで
 $99589 = 49651 \times 2 + 287$
 $49651 = 287 \times 173 + 0$

ユークリッドの互除法より

99589 と 49651 の最大公約数は 287 であり

$99589 = 287 \times 347$
$49651 = 287 \times 173$ となるため

$$\dfrac{49651}{99589} = \dfrac{173}{347}$$

($347 = 173 \times 2 + 1$ となり、最大公約数は 1 となるため、上記が答え)

CHAPTER

2

神速・解答 編

問題

06

6の不思議な計算

—— 速算術

$$6666^2 \text{ を秒で求めよ}$$

「こんなの秒で解けるはずがない」という人こそ、この問題で数学の面白さを感じられるかもしれません。インド式計算で解くのではなく、単純に6という数字がもつすごく不思議な性質で解けるんです。応用が効くものではないですが、不思議な体験を味わってみてください。

\ ヒント /

普通に筆算で解いてもよいですが、6^2、66^2、666^2などを考えることで、不思議な規則性を見つけていきましょう！　あることに気づけるかもしれません。

— 73 —

神速・解答編

✓ [ヒント1/2] 問題の見方

今回大切なのが、6が連なった数の2乗を考えてみることです。
次の問題を予想してみてください。

$$6^2 = ？？？$$
$$66^2 = ？？？$$
$$666^2 = ？？？$$

こういう実験から法則性を見つけるのも、数学のすごく大事なスキルのひとつだと思います。

まず、$6^2 = 36$。簡単ですね。
次、$66^2 = 4356$。筆算で解けますね。
ここでわかるのは、一の位が「6」だということですよね。
では次、666^2をするとどうでしょう。
筆算では「$666 × 6 = 3996$」が3段ですから443556になりました。

$$6^2 = 36$$
$$66^2 = 4356$$
$$666^2 = 443556$$

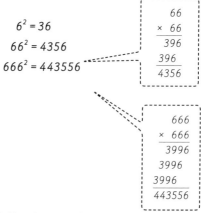

ここから何か法則を見つけてみてください。

— 74 —

法則を見つけられたら、6666^2 も 66666^2 も、パッと秒で求めることができるんです。どういう法則だと思いますか？

　一の位は「6」ですよね。
　さらに 66^2 や 666^2 で出てくる数字は「4、3、5、6」です。
　他にもう1つ法則はないですか？
　こちらがヒントになるかもしれません。

$$96$$

　6をひっくり返したら9になりますよね。閃きましたか？

☑ [ヒント2/2] 解法

　すごく不思議ですが、実は先ほどの36、4356、443556からそれぞれ「9」が生まれるんです。「どういうこと？」と思いますよね。そこで魔法の線を引きますね。

$$
\begin{array}{rr|l}
6^2 = & 3 & 6 \\
66^2 = & 43 & 56 \\
666^2 = & 443 & 556 \\
6666^2 = & & \\
66666^2 = & & \\
\end{array}
$$

　36を見ると、3 + 6 = 9ですよね。
　次に4356では、43 + 56 = 99ですよね。

CHAPTER 2 神速・解答編

じゃあ次、443556では、443 + 556 = 999なんですよね。

$$6^2 = \quad 3\,|\,6 \qquad \rightarrow \quad 3 + 6 = 9$$
$$66^2 = \quad 43\,|\,56 \qquad \rightarrow \quad 43 + 56 = 99$$
$$666^2 = 443\,|\,556 \qquad \rightarrow \quad 443 + 556 = 999$$
$$6666^2 =$$
$$66666^2 =$$

実は、この魔法の線を使って真ん中で区切ったら、線の左右の数を足すと、各位が「9」になるんです。

あと、魔法の線のすぐ左は3、すぐ右隣は5になる。

違っているのは、4と5だけですよね。

つまり半分に切ったときに魔法の線の左は3で確定。一の位は6で確定、あとは4、5がただ増えるだけ。

そう考えると、6666^2は44435556になるんです。

66666^2も秒でできます。線のすぐ左に3。一の位に6を書いておいて、あとは4444、5555って書くだけなんです。

$$6666^2 = 44435556$$
$$66666^2 = 4444355556$$

ということで、答えは<u>44435556</u>です。

✔[ポイント]

本問はここからが重要です。興味を持った人はぜひどれか1つでもいいので証明してみてください。例えば、真ん中で区切ったら和がちゃんと999になることだけでもいいと思います。

— 76 —

今回得られた不思議な気づきを、数式を用いた証明をして深掘りすることで、忘れない知識になるはずです。(証明の例を載せました)

【証明の例】

1 が n 桁続いた数字を a_n とすると、このように表せられる。

$$a_n = \frac{10^n - 1}{9} \cdots\cdots ①$$

6 が n 桁続いた数字は、$6a_n$ と表せる。
また、①を変形するとこうなる。

$$10^n = 9a_n + 1 \cdots\cdots ②$$

今回 n を 2 以上の自然数として、次の等式を証明できればよい。

$$(6a_n)^2 = (444\cdots43) \times 10^n + (555\cdots56) \cdots\cdots(*)$$

ここで $444\cdots43$ は、4 が n 桁続いた数 $(4a_n)$ を基準にして考える。

$$444\cdots43 = 4a_n + 1 \cdots\cdots ③$$

同様に、$555\cdots56$ はうか n 桁続いた数 $(5a_n)$ を基準にして考える。

$$555\cdots56 = 5a_n + 1 \cdots\cdots ④$$

CHAPTER
2 神速・解答編

それぞれこのように表せられる。

②③④より、（＊）の右辺を計算する。

$$(4a_n - 1) \times 10^n + (5a_n + 1)$$
$$= (4a_n - 1)(9a_n + 1) + (5a_n + 1)$$
$$= 36a_n^2$$
$$= (6a_n)^2$$

以上より（＊）が証明された。

答え

$$\boxed{6666^2 を求めよ}$$

$$6666^2 = \underline{44435556}$$

（証明）　　　　　　　　　　　　　相似

$$\begin{pmatrix} 666\cdots 6\ (n個) & & 6^2 & 36 \\ = 44\cdots 4355\cdots 56 & & 66^2 & 4356 \\ = (44\cdots 43)\times 10^n + (55\cdots 56) & & 666^2 & 443556 \\ となることを証明する \cdots (\text{※}) & & 6666^2 & 44435556 \\ & & 6666\cdots 6\ (n個) & 44\cdots 4355\cdots 56 \end{pmatrix}$$

1が n 桁続く数を a_n とおくと

$$a_n = 1 + 10 + 100 + \cdots + 10^{n-1}$$
$$= \frac{10^n - 1}{10 - 1}$$
$$= \frac{10^n - 1}{9} \quad \cdots ①$$

これより 6が n 桁続く数は $6a_n$ と表せる。

$44\cdots 43 = 4a_n - 1$

$55\cdots 56 = 5a_n + 1$ と表せられるので

(※)を示すには

$$(6a_n)^2 = (4a_n - 1)\times 10^n + (5a_n + 1)$$

を証明すればよい。

(左辺) $= (6a_n)^2 = 36a_n^2$

(右辺) $= (4a_n - 1)\times 10^n + (5a_n + 1)$

ここで ① より $10^n = 9a_n + 1$ より

(右辺) $= (4a_n - 1)(9a_n + 1) + 5a_n + 1$
　　　 $= 36a_n^2 - 5a_n - 1 + 5a_n + 1$
　　　 $= 36a_n^2$

よって (左辺) = (右辺) となるので (※)が示された。

\解説動画は/
こちら！

問題
07

計算が速くなる
インド式計算——速算術

5609を素因数分解せよ

$$5609 = \boxed{?} \times \triangle$$

　インド式計算から裏技まで紹介します。紙とペンは要りません。この問題を機に、インド式計算の奥深さを感じてもらえたら嬉しいです。数学が苦手な人でも誰かに出題したくなりますよ。

＼ヒント／

　5609を見て、2や3や7で割って求めるのではなく、$a^2 - b^2$の形で表すことができるかを考えることが重要です。5609に近い平方数をすぐに思い浮かべるためにも、インド式計算の発想が必要になってきます。

CHAPTER
2

神速・解答編

☑ [ヒント1/6]　問題の見方

「ある数」×「ある数」の式に直す問題です。
例えば2021は何×何か、パッとわかりそうにないですよね。
ですが、実はこれ秒でわかるんです。

$$2021 = 43 \times 47$$

これすごくないですか？
今回の目標は、本題と合わせて次の5問を解けるようになること
です。

①$187 = ???$
②$624 = ???$
③$2021 = ???$
④$5609 = ???$
⑤$9991 = ???$

やり方がわかればすぐに解けるのですが、今回は10秒以内に解い
てほしいと思います。そのためにステップを用意しました。
まず、インド式計算について例題で説明します。

☑ [ヒント2/6]　インド式計算 Step1

$$12 \times 13 = 156$$
$$13 \times 17 = 221$$

－ 82 －

07 | 計算が速くなるインド式計算 ── 速算術

こういった問題の場合、ふつうは筆算で解きますよね。

$$
\begin{array}{r}
12 \\
\times\ 13 \\
\hline
36 \\
12 \\
\hline
156
\end{array}
$$

　12×13のように**十の位が同じ数の掛け算のとき**には、紙に書かなくてもパッとわかるようになります。

　まず$12 + 3$（$= 15$）をします。

　次は、一の位を掛け算するだけ。$2 \times 3 = 6$ですね。

$$
\begin{array}{r}
\boxed{1}2 \\
\times\ \boxed{1}3 \\
\hline
15\ \leftarrow \boxed{12+3} \\
6\ \leftarrow \boxed{2\times3} \\
\hline
156
\end{array}
$$

すると、156って答えが出るんですよ。

同じようにして、13×17を解いてみてください。

最初に$13 + 7 = 20$。あとは一の位、$3 \times 7 = 21$。

$$
\begin{array}{r}
1\boxed{3} \\
\times\ \boxed{7} \\
\hline
20 \\
21\ \leftarrow \boxed{13+7} \\
\hline
221\ \leftarrow \boxed{3\times7}
\end{array}
$$

よって答えは221になります。

ここまででもすごいなと思うのですが、ここからが本番です。

── 83 ──

CHAPTER 2 神速・解答編

☑ [ヒント3/6] インド式計算Step2

今のをふまえると2乗もサクッと求められるんです。

$$11^2 = ？？？$$
$$12^2 = ？？？$$
$$13^2 = ？？？$$
$$14^2 = ？？？$$
$$15^2 = ？？？$$

ここもインド式計算を使ってみます。

$$11 \times 11 ： 11 + 1 = 12 \quad 1 \times 1 = 1 \quad 答え121$$
$$12 \times 12 ： 12 + 2 = 14 \quad 2 \times 2 = 4 \quad 答え144$$
$$14 \times 14 ： 14 + 4 = 18 \quad 4 \times 4 = 16 \quad 答え196$$
$$同じようにして、15 \times 15 = 225$$

このインド式計算を使えば、2乗もすぐに求められます。
次、Step3。ここからも面白いんですよ。

☑ [ヒント4/6] インド式計算Step3

(●5)^{2}の形も全部秒でできるんです。数学が得意な人も、そうでない人も感動すると思います。
いくつか解きますので、法則を予想してみてください。

— 84 —

$$15^2 = 225 \qquad 25^2 = 625$$
$$35^2 = 1225 \qquad 45^2 = 2025$$
$$55^2 = ??? \qquad 65^2 = ???$$
$$75^2 = ??? \qquad 85^2 = ???$$
$$95^2 = ???$$

55^2はどのようになりそうでしょうか？

まず、一の位と十の位の2桁は必ず「25」です。
それ以外の桁の数は「2」「6」「12」「20」ですね。

$15^2 (= 225)$ だったら、注目するのは15^2の「1」です。
$1 \times 2 = 2$で「2」なんです。
さらに、$25^2 (= 625)$ だったら、$2 \times 3 = 6$で「6」。
同じように$35^2 (= 1225)$ は、$3 \times 4 = 12$で「12」。
$45^2 (= 2025)$ は、$4 \times 5 = 20$で「20」。

どういうことかというと、15^2なら十の位の1と、その次の数字の2を使って1×2をしてあげると、答えの百の位の2になる。
ということは、55^2だったら$5 \times 6 = 30$。下2桁の25をつけ足して3025ですね。

$$65^2 : 6 \times 7 = 42 \text{に25をくっつけて} 4225$$
$$75^2 : 7 \times 8 = 56 \text{に25をくっつけて} 5625$$
$$85^2 : 8 \times 9 = 72 \text{に25をくっつけて} 7225$$
$$95^2 : 9 \times 10 = 90 \text{に25をくっつけて} 9025$$

これがわかるとどう計算に役立つか。

CHAPTER 2　神速・解答編

　例えば「9000は9025（＝95^2）に近いな」「7300は7225（＝85^2）に近い」というのが計算しなくてもわかります。

　さあ、これで準備が整いました！
　これらをふまえて、素因数分解をするときに意識する公式があるんです。中学校で習う「和と差の積」ともいうものです。

和と差の積

素因数分解は
$a^2 - b^2 = (a + b)(a - b)$
を使え！

　これをどのように使うか、2問解いてみましょう。

✓ [ヒント5/6]　素因数分解の例題

$$10^2 - 3^2 = ？？？$$
$$15^2 - 2^2 = ？？？$$

　$10^2 - 3^2 = 100 - 9 = 91$ と求めることもできますね。
　91は素数っぽいのですが、実は13×7です。

　どうやってわかるかというと、$10^2 - 3^2$ は「$●^2 - ●^2$」なので、先ほどの因数分解できますよね。
　だから、次のようにわかるわけです。

$$10^2 - 3^2 = (10 + 3)(10 - 3)$$
$$= 13 × 7$$

－ 86 －

$10^2 - 3^2$ は $(10 + 3)(10 - 3)$ で「13×7」とわかるわけです。91 が $10^2 - 3^2$ だなってわかる（あるいは $10^2 - 3^2$ が91だとわかる）と、素因数分解も一瞬ですね。

$15^2 - 2^2$ も同じように解けますね。

$$15^2 - 2^2 = (15 + 2)(15 - 2)$$
$$= 17 \times 13$$

一見難しそうな数字も、サクッと掛け算や素因数分解ができるようになります。では最後に、問題を5問解きましょう。

✅ [ヒント6/6] 改めて問題①〜⑤

①$187 = ？？？$
②$624 = ？？？$
③$2021 = ？？？$
④$5609 = ？？？$
⑤$9991 = ？？？$

[問題①]
まず①を掛け算の式にします。
まずは187に近い2乗の値を考えます。
$14^2 = 196$ ですので、こうなります。

$$196 - 9 = 187$$

— 87 —

CHAPTER
2　神速・解答編

$196 - 9$ は $14^2 - 3^2$ になります。

あとは、因数分解して和と差の積にするだけですよね。

$$187 = 196 - 9$$
$$= 14^2 - 3^2$$
$$= (14 + 3)(14 - 3)$$
$$= \underline{17 \times 11}$$

[問題②]

624は4で割れるのですが、同様にして解きましょう。

624に近い2乗の値は $25^2 = 625$。

$625 - 1$ は $25^2 - 1^2$ ですよね。

ということは、26×24 になります。

さらに素因数分解してこうなります。

$$624 = 25^2 - 1^2$$
$$= (25 + 1)(25 - 1)$$
$$= 26 \times 24$$
$$= 2 \times 13 \times 2^3 \times 3$$
$$= \underline{2^4 \times 13 \times 3}$$

[問題③]

次は2021。2021に近い2乗の数は $45^2 = 2025$ ですね。$45^2 - 2^2$ ということは、47×43 です。2021を3で割ったり7で割ったりじゃなくて、こういう感じでできるんですね。

－ 88 －

$$2021 = 45^2 - 2^2$$
$$= (45 + 2)(45 - 2)$$
$$= \underline{47 \times 43}$$

[問題④]

次は5609。これがもともとの問題でしたね！ 皆さんならすぐにわかるのではないでしょうか。

5609と近い2乗の数は$75^2 = 5625$だから、$75^2 - 4^2$ですね。計算するとこうなります。

$$5609 = 75^2 - 4^2$$
$$= (75 + 4)(75 - 4)$$
$$= \underline{79 \times 71}$$

[問題⑤]

最後は9991。これに近い2乗の数は出にくいかもしれません。

ですが、例えば買い物で9991円だったら10000円を出してお釣りは9円。2乗の数が出ましたね！

$10000 = 100^2$ですから$100^2 - 3^2$です。

$100 + 3 = 103$、$100 - 3 = 97$として、これで終わりなんです。

$$9991 = 100^2 - 3^2$$
$$= (100 + 3)(100 - 3)$$
$$= \underline{103 \times 97}$$

CHAPTER 2 神速・解答編

☑ [ポイント]

　数学ができる人、計算が速い人は、このような計算の裏技を使いこなしていることが多いのです。「今回のインド式計算をふだんから使ってみようかな」と思っていただけたら幸いです。

　ただ、「知っている」「聞いたことがある」で終わらせると、いざというときに使えません。できるようになるまで、日頃の計算でインド式計算を使ってみてください。周りの友達や家族に出題してみると盛り上がるはずです。

答え

$$5609 = \boxed{?} \times \triangle$$

$5609 = 5625 - 16$
$ = (75)^2 - 4^2$
$ = (75+4)(75-4)$
$ = \underline{79 \times 71}$

\解説動画は/
こちら！

問題
08

直角三角形の辺の長さを即計算する裏技 —— 速算術

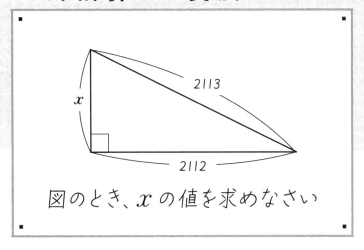

図のとき、x の値を求めなさい

　今回は計算のテクニック集。これは、三平方の定理を使う直角三角形の問題ですよね。

　この計算をするときの裏技が、問題07と絡んできます。

\ヒント/

$x^2 = 2113^2 - 2112^2$ とおくことはできますが、2113^2 をそのまま計算するのは大変です。ヒントは $a^2 - b^2$ の形から何を考えるかです。

✓ [ヒント1/2] 問題の見方

三平方の定理は直角三角形の斜辺をc、それ以外の辺をa、bとおくときに成り立つ公式でした。

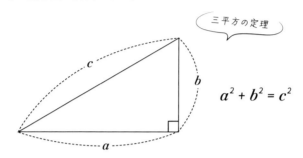

簡単にいうと（2乗）＋（2乗）が斜辺の2乗になりますよ、と。問題ではこのようになりますよね。

$$x^2 + 2112^2 = 2113^2$$

でも、2112^2なんて計算したら大変ですよね。
そうなったときに大事なのは、この形をつくることでしたよね。

$$x^2 = 2113^2 - 2112^2$$

これが何かというと、（2乗）－（2乗）の形です。**（2乗）－（2乗）をみたら「和と差の積」**です。
公式の形で書くとこうです。

$$a^2 - b^2 = (a + b)(a - b)$$

　三平方の定理は基本的に（2乗）−（2乗）の形になりますから、和と差の積が使えます。例えば、一辺が5、斜辺が13なら、求めたいもう一辺が $x = 12$ ってパッと出せます。

$$x^2 = 13^2 - 5^2$$
$$= (13 + 5)(13 - 5)$$
$$= 18 \times 8$$
$$= 144$$
$$x = 12$$

☑ [ヒント2/2]　解法

　和と差の積でやってみましょう。和は $2113 + 2112$ で、差は $2113 - 2112$ ですね。おわかりの通り、$2113 - 2112$ が1になる。すると、計算も簡単で4225になるわけです。

$$x^2 = 2113^2 - 2112^2$$
$$= (2113 + 2112)(2113 - 2112)$$
$$= 4225$$

　ただ、$x^2 = 4225$ を求められないとダメですよね。
　そうなったときに、P85の問題を思い出してください。「55^2をパッと出せますか？」というところで説明しましたね。
　2乗が「■■25」の形ということは「▲5^2じゃないか」と予想できますよね。あとはどうするんでしたか？

CHAPTER 2 神速・解答編

42 = 6 × 7 ですよね。ということは、65^2 だったら、6 × 7 = 42 をして 4225 と出ますよね。

$$x^2 = 42\underbrace{(25)}_{6 \times 7} = 65^2$$

P85 では、$65^2 = 4225$、$75^2 = 5625$、$85^2 = 7225$ をパッと出せるように練習しました。今回は逆です。4225、5625、7225 を見たときに逆算したわけです。このやり方ができると計算がかなり速くなるはずです。

ポイントは 4225 を見たら、「あっ、末尾が 25 で 42 がついてるから、65^2 だ」というのが、逆算してわかるわけです。

x は正ですから、$\underline{x = 65}$。これが答えになります。

✓ [ポイント]

本書で学んだインド式計算を含めた計算の裏技を、別の視点で使ってみる経験を増やすことで、自然と定着するはずです。

今回の問題の数字を変えてみたり、自分で問題をつくってみたりしてもいいですね。ぜひ周りの友達や家族にも出題してみてください！

答え

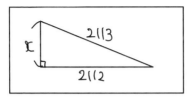

三平方の定理より

$x^2 + 2112^2 = 2113^2$

∴ $x^2 = 2113^2 - 2112^2$
     $= (2113+2112)(2113-2112)$
     $= 4225$
     $= 65^2$

$x>0$ より $\underline{x = 65}$

\解説動画は/
こちら！

問題

09

「あること」に気がつけば
一瞬——数式計算の工夫

$$\frac{14^3 + 21^3 + 28^3 + 35^3}{14 \times 21 \times 28 \times 35}$$

を約分し、既約分数にせよ

（2006　慶應義塾高校）

　今回は高校受験の問題ですが、かなり複雑そうですよね。果たして制限時間1分で解けるか、チャレンジしてみましょう。

\ ヒント /

　全ての数字に共通する「あること」に注目して、素因数分解をしてみましょう。シンプルな形に直すと何かが見えてくるはずです！

CHAPTER
2 神速・解答編

☑ [ヒント1/2] 問題の見方

まず出てくる数字の共通点を見つけてみましょう。

分母の14、21、28、35。これら全て7の倍数ですね。

7の倍数で整理すると7^4が出ますね。

$$14 \times 21 \times 28 \times 35$$
$$= 7 \times 2 \times 7 \times 3 \times 7 \times 4 \times 7 \times 5$$
$$= 7^4 \times 2 \times 3 \times 4 \times 5$$

次に分子です。

こちらも14、21、28、35が全て7の倍数。整理して、さらに7^3でくくって計算してみましょう。

$$14^3 + 21^3 + 28^3 + 35^3$$
$$= 7^3 \times 2^3 + 7^3 \times 3^3 + 7^3 \times 4^3 + 7^3 \times 5^3$$
$$= 7^3 (8 + 27 + 64 + 125)$$
$$= 7^3 \times 224$$

224がポイントですね。

☑ [ヒント2/2] 解法

実は224って化学の計算でけっこう出るんです。

224はすごくて、7でも8でも割り切れる数字なんです。

— 100 —

$$224 = 7 \times 32$$
$$= 7 \times 8 \times 4$$

これで約分できそうですね。

$$\frac{14^3+21^3+28^3+35^3}{14 \times 21 \times 28 \times 35} = \frac{7^3(2^3+3^3+4^3+5^3)}{7^4 \times 2 \times 3 \times 4 \times 5}$$

$$= \frac{7 \times 8 \times 4}{7 \times 2 \times 3 \times 4 \times 5}$$

$$= \frac{4}{15}$$

約分し切って、答えが出ました。

✔ [ポイント]

　高校受験のシンプルな問題ですけど、頭の体操のような体験ができましたね。

答え

$$\dfrac{14^3+21^3+28^3+35^3}{14\times 21\times 28\times 35} \text{を求めよ}$$

分母 $= 7^4 \times 2 \times 3 \times 4 \times 5$
$\quad = 2^3 \times 3 \times 5 \times 7^4$

分子 $= 7^3 \times 2^3 + 7^3 \times 3^3 + 7^3 \times 4^3 + 7^3 \times 5^3$
$\quad = 7^3(8+27+64+125)$
$\quad = 7^3 \times 224$
$\quad = 7^3 \times 2^5 \times 7$
$\quad = 2^5 \times 7^4$

よって 求める値は $\dfrac{2^5 \times 7^4}{2^3 \times 3 \times 5 \times 7^4} = \dfrac{4}{15}$

問題

10

変形したら一瞬で解ける
―― 数式計算の工夫

$$x = \frac{3 + \sqrt{13}}{2} \text{ のとき、} \frac{x^{10} - 1}{x^5} \text{ の}$$
値を計算しなさい

(2013　福島大学)

　今回はかなり難しい問題。……ではありません。ただ、ゴリゴリに計算すると超時間がかかります(笑)。どのように工夫して計算スピードを上げるかという視点で解いてみましょう。

\ヒント/

x^{10} や x^5 をそのまま計算すると大変なことになりますね。やはり困ったときには視点を変えてみること。x を解にもつ方程式がどのような式なのか、次数を下げられないかを考えてみましょう。

- 103 -

CHAPTER
2 神速・解答編

✓ [ヒント1/4] 問題の見方

　もう何もわからないという人は、x^{10} を計算しちゃうんですね。根気は大事ですが、それ以上に工夫のしかたも大事です。

　まず、ゴールから逆算してみましょう。今回の式は、こう変形できますよね。

$$\frac{x^{10}-1}{x^5} = x^5 - \frac{1}{x^5}$$

　ここから、求める式が $x - \dfrac{1}{x}$ の5乗と似ているので「何か工夫できないか？」と仮説を立てることもできます。

　ただ、いきなり計算するより、まずは次数下げを行いましょう。

✓ [ヒント2/4] 解法

　次数下げのしかたを覚えていますか？

　両辺を2倍して $2x = 3 + \sqrt{13}$ となりますが、これを $2x - 3$ と $\sqrt{13}$ にして2乗します。すると、こうなって x の2次方程式がわかるんです。

$$2x = 3 + \sqrt{13}$$
$$2x - 3 = \sqrt{13}$$
$$(2x - 3)^2 = (\sqrt{13})^2$$
$$4x^2 - 12x + 9 = 13$$
$$4x^2 - 12x - 4 = 0$$
$$x^2 - 3x - 1 = 0 \quad \cdots\cdots (\bigstar)$$

－ 104 －

これが $x = \dfrac{3+\sqrt{13}}{2}$ を解にもつ 2 次方程式だとわかると思います。

また、$x^2 = 3x + 1$ になりますから、これを代入して次数下げをするパターンもあります。つまり次のようにします。

$$
\begin{aligned}
x^5 &= (x^2)^2 \times x \\
&= (3x+1)^2 \times x \\
&= (9x^2 + 6x + 1)x \\
&= \{9(3x+1) + 6x + 1\}x \\
&= (33x + 10)x \\
&= 33x^2 + 10x \\
&= 33(3x + 1) + 10x \\
&= 109x + 33
\end{aligned}
$$

次に、$x = \dfrac{3+\sqrt{13}}{2}$ を代入しましょう。

$$
x^5 = \frac{393 + 109\sqrt{13}}{2}
$$

これをもともとの式に代入します。

$$
x^5 - \frac{1}{x^5} = \frac{393 + 109\sqrt{13}}{2} - \frac{2}{393 + 109\sqrt{13}}
$$

これを計算して求めることもできますが、大変ですね。

CHAPTER 2 神速・解答編

✓ [ヒント3/4] 解法

　別の発想として、次数下げで出てきた方程式（★）を見たときに「$x^2 - 3x - 1 = 0$ を x で割ればいいのでは？」と考えることもできます。このようにゴールから逆算して、シンプルな形になるのを見つけるのも大切なポイントだと思います。

　つまり、こうなります。

$$x^2 - 3x - 1 = 0$$

$$x - 3 - \frac{1}{x} = 0$$

$$x - \frac{1}{x} = 3 \cdots\cdots (\blacklozenge)$$

　これを使って、$x^5 - \dfrac{1}{x^5}$ にいきつけばよさそうですね。

　非常にシンプルな形になりましたね。

　でも、$x - \dfrac{1}{x}$ を5乗するわけじゃないですよ。これは大変。

　どうするか。ここでまず予想するわけです。数学は予想と実験（試行錯誤）の連続です。

　そもそも $x^5 - \dfrac{1}{x^5}$ って、$x^2 - \dfrac{1}{x^2}$ と $x^3 - \dfrac{1}{x^3}$ を掛け算して整理すればいいんじゃないか、と。

$$\left(x^2 - \frac{1}{x^2}\right)\left(x^3 - \frac{1}{x^3}\right) = x^5 - \frac{1}{x} - x + \frac{1}{x^5}$$

　求めたいのは $x^5 - \dfrac{1}{x^5}$ ですよね。

　これは実験失敗。……いえ待ってください。

　もともとの掛け算を $x^2 - \dfrac{1}{x^2}$ ではなく $x^2 + \dfrac{1}{x^2}$ にしたらどうでしょうか。

－ 106 －

$$\left(x^2 + \frac{1}{x^2}\right)\left(x^3 - \frac{1}{x^3}\right) = x^5 - \frac{1}{x} + x - \frac{1}{x^5}$$

$$= x^5 - \frac{1}{x^5} + x - \frac{1}{x} \quad \dashleftarrow \boxed{\text{◆より } x - \frac{1}{x} = 3}$$

$$= x^5 - \frac{1}{x^5} + 3 \cdots\cdots (\diamondsuit)$$

さあ、お目当てのもの $x^5 - \frac{1}{x^5}$ がでました！

あと、$x^2 + \frac{1}{x^2}$ と $x^3 - \frac{1}{x^3}$ がわかれば、求められそうですよね。

✅ [ヒント4/4] 解法

$x^2 + \frac{1}{x^2}$ は、$x - \frac{1}{x}$ の2乗の形をつくって +2 をするとつくれます。

$$x^2 + \frac{1}{x^2} = x^2 - 2 + \frac{1}{x^2} + 2$$

$$= \left(x - \frac{1}{x}\right)^2 + 2$$

$$= 3^2 + 2$$

$$= 11$$

$x^3 - \frac{1}{x^3}$ はどうでしょうか。

(3乗) − (3乗) の形ですから、展開や因数分解など複数のアプローチができますね。$x - \frac{1}{x}$ の3乗を考えてみようと思った人、$\left(x - \frac{1}{x}\right)^3$ を展開するのもありですね。

− 107 −

CHAPTER 2 神速・解答編

$$\left(x - \frac{1}{x}\right)^3$$

$$= x^3 - 3x^2 \cdot \frac{1}{x} + 3x \cdot \frac{1}{x^2} - \frac{1}{x^3}$$

$$= x^3 - 3x + \frac{3}{x} - \frac{1}{x^3}$$

$x - \dfrac{1}{x} = 3$ ですからこうなります。

$$3^3 = x^3 - \frac{1}{x^3} - 3\left(x - \frac{1}{x}\right)$$

$$27 = x^3 - \frac{1}{x^3} - 3 \times 3$$

$$x^3 - \frac{1}{x^3} = 27 + 9$$

$$= 36$$

よって、$x^2 + \dfrac{1}{x^2} = 11$、$x^3 - \dfrac{1}{x^3} = 36$ とわかりました。あとは（☆）に代入して解いていきましょう。

$$\left(x^2 + \frac{1}{x^2}\right)\left(x^3 - \frac{1}{x^3}\right) = x^5 - \frac{1}{x^5} + 3$$

$$11 \times 36 = x^5 - \frac{1}{x^5} + 3$$

$$x^5 - \frac{1}{x^5} = 396 - 3$$

$$= 393$$

答えは <u>393</u> になりました。

— 108 —

✓ [ポイント]

　いかがでしたか？　次数下げの解き方はもちろん、なかなか計算が進まないときにこそ、問題の考え方が大事でしたね。

　しかし、式変形はなかなかできるものではありませんよ。

　入試の問題だったら、まず設問1「$x^2 + \dfrac{1}{x^2}$ を求めよ」、設問2「$x^3 - \dfrac{1}{x^3}$ を求めよ」というように誘導が与えられていたかもしれません。

　問題を考えるときは、要素をどう見るか。問題を見て「次数下げかなあ」と思って実験してみると、$x - \dfrac{1}{x}$ とシンプルな形になった。これをうまく使って $x^5 - \dfrac{1}{x^5}$ をつくればいいか。……となってだんだんと問題が解けていくはず。

　「ゴールから逆算して考える」「困難を分割して考える」ことの大切さを感じられる問題でしたね。

答え

$$x = \frac{3+\sqrt{13}}{2} \text{ のとき } \frac{x^{10}-1}{x^5} \text{ を計算せよ}$$

$2x = 3+\sqrt{13}$

$2x - 3 = \sqrt{13}$

両辺 2乗して

$(2x-3)^2 = 13$

$4x^2 - 12x - 4 = 0$

$x^2 - 3x - 1 = 0 \quad \cdots ①$

また $\dfrac{x^{10}-1}{x^5} = x^5 - \dfrac{1}{x^5} \quad \cdots ②$

①を変形すると $x - \dfrac{1}{x} = 3 \quad \cdots ③$ となる

$\left(x - \dfrac{1}{x}\right)^2 = x^2 + \dfrac{1}{x^2} - 2$

$\Leftrightarrow 3^2 = x^2 + \dfrac{1}{x^2} - 2 \quad \therefore x^2 + \dfrac{1}{x^2} = 11 \quad \cdots ④$

$\left(x - \dfrac{1}{x}\right)^3 = x^3 - 3x^2 \cdot \dfrac{1}{x} + 3x \cdot \dfrac{1}{x^2} - \dfrac{1}{x^3}$

$\Leftrightarrow 3^3 = x^3 - 3\left(x - \dfrac{1}{x}\right) - \dfrac{1}{x^3}$

$\Leftrightarrow 27 = x^3 - \dfrac{1}{x^3} - 3 \cdot 3 \quad \therefore x^3 - \dfrac{1}{x^3} = 36 \quad \cdots ⑤$

③〜⑤より

$\left(x^2 + \dfrac{1}{x^2}\right)\left(x^3 - \dfrac{1}{x^3}\right) = x^5 - \dfrac{1}{x} + x - \dfrac{1}{x^5}$

$\qquad\qquad\qquad = \left(x^5 - \dfrac{1}{x^5}\right) + \left(x - \dfrac{1}{x}\right)$

$\Leftrightarrow 11 \cdot 36$

$\therefore x^5 - \dfrac{1}{x^5} = 11 \cdot 36 - 3 = \underline{393}$

解説動画は
こちら！

問題
11

9割の人がミスする良問
—— 整数問題

$35x + 21y + 60z = 665$ を満たす
自然数の組 (x, y, z) を
全て求めよ

この問題、1分で解けますか？　パッと見て、シンプルな問題で
解けそうに思えますが、しっかりと自分の頭で考えていないと、か
なり時間を費やしてしまう問題なのです。

\ ヒント /

　自然数という条件と、倍数に注目することで文字の範囲を絞って
いきましょう。例えば35、60、665に注目すると全てある共通点が
ありますが、21yも調整したいですよね！

- 111 -

CHAPTER 2 神速・解答編

☑ [ヒント1/4]　問題の見方

　連立方程式のイメージで「3文字の値をそれぞれ求めるためには、式が3つ必要なんじゃないか」と思うかもしれません。

　しかし、今回は自然数という条件を使うことによって、1つの等式からでも値を導くことができるんです。

　今回、自然数という条件で候補を絞り込んでいきますが、その中で9割の人がミスをする罠があります。

　問題の式をあれこれ変形して「これじゃないか」と思うものが見つかる。けど「yが1、2、3、4、5、6……、めっちゃ出てくる！めんどい場合分けだ！」となった人も多いと思います。

　確かに片っ端から調べても解けるんです。

　けれども、例えば時間制限がある場合、初手をミスるとどんどん間違えて沼にハマってしまいます。「どうやって考えるか」「どういう道筋でスパッと解けるか」をこの良問で紹介したいと思います。

　その前に、基礎問題を用意したので、まずはその中で、整数問題の方針を示していきます。

　その前提を知った上で問題に挑戦してみてください。

　さっそく進めていきましょう。

☑ [ヒント2/4]　例題

$$3x + 8y - z = 27$$
$$6x - 3y + z = 33$$

自然数の組 (x, y, z) を求めよ。

— 112 —

この問題を基礎問題として解いていきましょう。

まず、考え方・方針を3つ。

1つめは、まず求めるものが、x、y、zの3文字ですよね。**3文字を見たら必ず1文字消去**。これは鉄板です。

2つめは、条件に「自然数」がある場合、**絞り込み**をしましょう。例えばxは$x \leq 3$で1、2、3だけだとか。そうしたら以降は、$x = 1$から調べて、次は2、そして3……、という感じで行います。

最後の3つめは、あとでお伝えします。すごく重要なことです。

<考え方・方針>

● 3文字　➡　「1文字消去」

● 自然数　➡　「範囲で絞り込み」

● ☆（あとでお伝えします）

さて、まずは1文字消去します。

2つの式を足しましょう。するとzが消えてこうなりますね。

$$\begin{cases} 3x + 8y - z = 27 \cdots ① \\ 6x - 3y + z = 33 \cdots ② \end{cases}$$

①＋②をすると

$$9x + 5y - 60 \,(x, y は自然数)$$

次は自然数ということで絞っていきます。ですが、意外と遠回りをしてしまいがちです。まずは非効率なパターンから。

$9x = 60 - 5y$という形にします。

自然数なのでyは1、2、3……、11。

ということは、$y = 1$を考えると$9x$は55以下だとわかります。

— 113 —

CHAPTER 2 神速・解答編

つまり、$x = 1, 2, 3, 4, 5, 6$ です。

＜非効率なパターン＞

$$9x = 60 - 5y$$

$x = 1, 2, 3, 4, 5, 6$ のどれか

ここから $x = 1$ のとき、$x = 2$ のとき、……、$x = 6$ のときと、全て計算して、$x = 5$ で y が整数になる。

$$
\begin{aligned}
&x = 1 \text{のとき} \quad 5y = 60 - 9 \quad \text{不適} \\
&x = 2 \text{のとき} \quad 5y = 60 - 18 \quad \text{不適} \\
&x = 3 \text{のとき} \quad 5y = 60 - 27 \quad \text{不適} \\
&x = 4 \text{のとき} \quad 5y = 60 - 36 \quad \text{不適} \\
&x = 5 \text{のとき} \quad 5y = 60 - 45 \quad y = 3 \\
&x = 6 \text{のとき} \quad 5y = 60 - 54 \quad \text{不適}
\end{aligned}
$$

$$\underline{x = 5, \ y = 3, \ z = 12}$$

こうやって片っ端から調べても答えが出ますが、かなり非効率なんです。せっかくなら工夫をしていきましょう。

整数解の候補を絞るときのおすすめの解法2つをお伝えします。基礎的な話なんですけれども、おさえておいてください。

＜整数解の候補を絞るポイント＞
①大きさで絞る　②約数・倍数で絞る

まず「①大きさで絞る」という方法は、さっき説明したように、

－ 114 －

$9x$ は 55 以下だよね、ってことは $x = 1$, 2, 3, 4, 5, 6 だよね、と片っ端から出すこと。こうやって答えまで出しましたが、もっとスパッと絞れる方法が「②**約数・倍数で絞る**」なんです。

この発想、わかればどうってことないと思うのですが、意外と1人では気づきにくいんです。これが本題につながる大切な要素です。

✅ [ヒント3/4]　例題の別解

「②**約数・倍数で絞る**」とはどういうことか。

例題の途中から解説します。ここまで式を出しましたね。

$$9x + 5y = 60$$

よくみると、$5y$ は5の倍数、60も5の倍数になっています。

式を変形させるとこうなります。

$$9x = 5(12 - y)$$

x は自然数であり、9と5は互いに素なので、必ず5の倍数である必要がありますよね。

ということは、$9x$ が60より小さいから、$x = 5$ だけ。

あとは、$x = 5$ を代入すると $y = 3$, $z = 12$ がわかると。

スパッと求めることができました。まとめます。

<　約数・倍数で絞る　>
$9x + 5y = 60$　←5y と60が5の倍数
$9x = 5(12 - y)$　←9と5は互いに素より9x も5の倍数

$-$ 115 $-$

CHAPTER 2　神速・解答編

$9x < 60$　より　$\underline{x = 5}$　（x は自然数のため）
このとき、$\underline{y = 3,\ z = 12}$

　大きさだけで絞ろうとすると、片っ端からしないといけない。ですが、約数・倍数を考えて、倍数とそうじゃない部分を比べることで判断できる、っていう話でした。

　では、ここで本題に移りましょう。

✓ ［ヒント 4/4］　改めて本題

$35x + 21y + 60z = 665$ を満たす
自然数の組 $(x,\ y,\ z)$ を全て求めよ

　さっきの約数・倍数を使う話がわかったとして、まだまだ落とし穴はあるんです。面白いのはここからですよ！

　今回これを見たら、仲間外れにしたいのはどれか。
　思い当たるのは、この部分に注目する方法。

$$\underset{5の倍数}{\underline{35x}} + 21y + \underset{5の倍数}{\underline{60z}} = \underset{5の倍数}{\underline{665}}$$

$35x$ と $60z$ と 665 が 5 の倍数で、$21y$ が 5 の倍数以外ですね。
だから、仲間外れにしたいのは $21y$。
ということは、この形にするんでしたね。

－ 116 －

$$21y = 5(133 - 7x - 12z)$$

21と5は互いに素だからyは5の倍数。これで絞れました。
$35x$や$60z$は0より大きいので、こうなりますね。

$$21y = 665 - 35x - 60z < 665$$
$$これによってy < 31.7$$

ただ、yが5の倍数だとしても、$y = 5$, 10, 15, 20, 25, 30って候補がたくさん出てしまいます。

1つひとつ代入してxやzの値を考えてもよいのですが、候補が5つ以上あると、手間が増えてしまいますよね。

ここで、あることに気づいてほしいんです。

今回、一番お伝えしたいところです！

＜考え方・方針＞の3つめの空欄です。

それは「実験思考を途中でも活用しよう」ということです。

＜考え方・方針＞
- ●3文字　　➡　「1文字消去」
- ●自然数　➡　「範囲で絞り込み」
- ●実験思考を途中でも！

さっきのように$y = 5$, 10, 15, 20, 25, 30って出し続けるとすごく非効率。どんどん罠にハマっていっているんです。

途中で実験をして考えてみてください。次の式で5の倍数として考えましたが、他にも実験をしてみるわけです。

－ 117 －

CHAPTER 2 神速・解答編

$$21y = 5(133 - 7x - 12z)$$

ここでポイントは何かというと133です。

P85の問題でお伝えした「5625を見たら、75^2を思い浮かべる」という内容にもつながりますが、**数字感覚を身につけると「計算ミスをしにくくなる」のと「効率化できる」ように**なるんです。

で、実は133って素数ではなく、7×19なんです。
$21y$、133、$7y$が7の倍数で$12z$が7の倍数以外です。

$$\underset{7の倍数}{35x} + \underset{7の倍数}{21y} + 60z = \underset{7の倍数}{665}$$

整数問題をよくやってる人はわかると思うんですけど、仲間外れにするのは係数は大きいほうがいいんですよ。なぜかというと、係数が大きいほうが、求める文字の候補が少なくなるからです。

それでは、$60z$を仲間外れにすればよさそうですね。
あとは、同じ要領で解きましょう。

$$60z = 665 - 35x - 21y$$
$$= 7(95 - 5x - 3y)$$

zは7の倍数、かつ、$60z < 665$なので、$z = 7$

$z = 7$の1つに絞られましたね。
$z = 7$を代入して整理すると、$5x + 3y = 35$になります。

— 118 —

ここで困ったらここでも倍数に注目。

「5の倍数」or「5の倍数以外」で、整理すると答えが出ます。

$$5x + 3y = 35$$
$$3y = 5(7 - x)$$
$$y = 5, 10 \quad \text{このとき、} x = 4, 1$$
$$\text{以上より } (x, y, z) = (4, 5, 7)(1, 10, 7)$$

✓ [ポイント]

慣れると実は1分でできるようになるんです。

今回の問題では、解く発想の引き出しが1つしかないと、ある程度は進むけど、途中で止まって、「あー、ヤバイヤバイ、時間がない(汗)」みたいになりますよね。

そういうときこそ「実験思考を途中でも活用しよう」というわけです。計算式を残しておくと、途中で手が止まったら途中式を見て、「何かヒントないかな?」と思ってほしいのです。

35や21のような他の数字を見て「7の倍数に注目すべきかな?」とアンテナを張ってみて、133を7で割るというのも大切でした。

整数問題で困ったら「倍数や余りに注目する」ことは念頭においてみてくださいね!

— 119 —

答え

> $35x + 21y + 60z = 665$ を満たす
> 自然数の組 (x, y, z) を全て求めよ

〈解法1〉 先に5の倍数に注目するパターン

$$21y = 665 - 35x - 60z$$
$$= 5(133 - 7x - 12z)$$

21と5は互いに素より yは5の倍数

また $21y < 665$ ∴ $y < 31.7$

$y = 5, 10, 15, 20, 25, 30$ が候補となる。

ここで $y = 5k$ とおくと $(k = 1, 2, 3, 4, 5, 6)$

$$21k = 133 - 7x - 12z$$
$$12z = 133 - 7x - 21k$$
$$= 7(19 - x - 3k)$$

12と7は互いに素より zは7の倍数

$12z < 133$ ∴ $z < 11.1$

$z = 7$ となる。

このとき $12 = 19 - x - 3k$

$x + 3k = 7$ となるので

$k = 1$ のとき $x = 4$ $(y = 5)$
$k = 2$ 〃 $x = 1$ $(y = 10)$

$\underline{(x, y, z) = (4, 5, 7), (1, 10, 7)}$

〈解法2〉 先に7の倍数に注目するパターン

$60z = 665 - 35x - 21y$
$\quad = 7(95 - 5x - 3y)$

60と7は互いに素より zは7の倍数
また $60z < 665$ より $z < 11.1$
よって $z = 7$ とわかる。

$60 = 95 - 5x - 3y$
$5x + 3y = 35$
$\quad 3y = 5(7-x)$

3と5は互いに素より yは5の倍数
また $3y < 35$ ∴ $y < 11.7$ より $y = 5, 10$

$y = 5$ のとき $x = 4$
$y = 10$ 〃 $x = 1$

以上より
$\underline{(x, y, z) = (4, 5, 7), (1, 10, 7)}$

\解説動画は/
こちら！

問題
12

1分で解ける奇跡の
京大問題——整数問題

$n^3 - 7n + 9$ が

素数となるような

整数 n を全て求めよ

（2018　京都大学）

　京都大学の入試は難しいイメージありますよね。大学入試の数学の問題は1問で30点、35点とかあります。そんな問題のなか、これは理解すれば高校1年生でも満点をとれるぐらいの奇跡の1問なのです。考え方がすごく学べる良問です。

＼ヒント／

　まずは n に具体的な数字を入れて、素数になるか実験していきましょう。素数ではない場合は、どんな数の倍数になるかを考えてみると法則性が見えてくるはずです。

－ 123 －

CHAPTER 2 神速・解答編

☑ [ヒント1/5] 問題の見方

　問題を解くときに私はよく実験をします。

　数学において非常に重要な考え方のひとつです。手を動かして試行錯誤をするなかで、「あるもの」を見つけるためです。

　それは「**法則**」です。

　具体的な事例から抽象的なルールを見つけるということ。手を動かして見えた具体的なものに「あれ？　こうしたらこういう法則があるじゃん！　ということは……」みたいに考えるんです。

　では、どうやって法則を見つけるか。

　ポイントは「範囲を絞る」「倍数や余りに注目する」ことです。

＜実験のポイント＞

法則を見つけたい！

➡ ・範囲を絞る

　 ・倍数や余りに注目する

　どういうことか、この問題で説明していきます。

　では実験してみましょう。

☑ [ヒント2/5] 解法1

　今回、nは整数で、$n^3 - 7n + 9$が素数になるんですね。

　さっそく、nにいろいろな数を代入していきましょう。

　$n = 1, 2, 3, 4$を代入していきます。この後は数字が大きくなりそうなのでここまで。次は負の数を代入しましょう。

　この中で法則性を発見しましょう。

－ 124 －

$$n = -1 \quad \Rightarrow \quad 15$$
$$n = 0 \quad \Rightarrow \quad 9$$
$$n = 1 \quad \Rightarrow \quad 3$$
$$n = 2 \quad \Rightarrow \quad 3$$
$$n = 3 \quad \Rightarrow \quad 15$$
$$n = 4 \quad \Rightarrow \quad 45$$

$n^3 - 7n + 9$ が、3の倍数ではないかと推測できました。

ここで実験をした後に問題の情報とミックスしてほしいのです。

さらに問題の情報では素数でしたよね。

3の倍数で、かつ素数なのは「3」しかありません。

つまりこういうこと。

$$n^3 - 7n + 9 = 3$$

これは実験した n の中だと $n = 1$, 2のときだとわかります。

これを示すなかで答えが見えてくるのではないかと予想できるわけです。これが実験して法則を見つけるということ。「範囲を絞る」、今回のように「倍数や余りに注目する」という発想です。

3の倍数を示したい。

ですが、ここからがやや難しい。まさに戦略が重要です。

CHAPTER
2 神速・解答編

✓ [ヒント3/5] 解法1

　解くための戦略としては、$n^3 - 7n + 9 = $ ☆とおき、☆が必ず3の倍数になることを示したい。それを示すことで、☆が素数なんだから☆ = 3のみ成立することがわかります。

<解く戦略>

$n^3 - 7n + 9 = $ ☆とおき

「☆は3の倍数」を示す。

これを示せば、☆ = 3とわかる。

そのとき、n = ？？？

　では、「☆は3の倍数」をどうやって示すか。

　大事なのは、3で割った余りを考えるということ。

　「☆の構成要素であるnを3で割った余りで場合分け」。

　つまり、「$n = 3k$のとき、$n = 3k + 1$のとき、n = 3k + 2のとき、それぞれ☆はどうなるか」という考え方をする。大事な発想です。

　　3の倍数を示す

➡ $n = 3k, \ n = 3k + 1, \ n = 3k + 2$に場合分け

　今回も「倍数や余りに注目」しましたね。

　こういうふうに、わからないときは「困難を分割」して考えるわけです。大切なのは☆の構成要素であるnを場合分けすることです。

　では、これを計算。ここからどう解くか。

－ 126 －

12 1分で解ける奇跡の京大問題 —— 整数問題

✔ [ヒント4/5] 解法1

まず、$n = 3k$ を代入すると $(3k)^3 - 21k + 9$ で3の倍数。

同様に $n = 3k + 1$、$3k + 2$ を代入して計算してもいいのですが、大変ですよね。

もっと簡単な方法があります。

まずは発想の転換をしましょう。

3の倍数を示すのがわからないと思ったら「3の倍数は3で割ったときの余りが0」、だから余りで分類するという発想です。

で、方法というのは、modを使うことです。

modは簡単に言うと割り算の余りです。

n を3で割った余りは0か1か2なので、こう書きます。

$$n \equiv 0,\ 1,\ 2 \pmod 3$$

これを代入すれば n を3で割った余りがわかる、という発想なんですね。modをもっと詳しく知りたい人はPASSLABOの「mod（合同式）全パターン解説」がおすすめです。

$n \equiv 0 \pmod 3$ を代入すると ☆ $\equiv 9$ ➡ $n^3 - 7n + 9 \equiv 0$

$n \equiv 1 \pmod 3$ を代入すると ☆ $\equiv 3$ ➡ $n^3 - 7n + 9 \equiv 0$

$n \equiv 2 \pmod 3$ を代入すると ☆ $\equiv 3$ ➡ $n^3 - 7n + 9 \equiv 0$

9や3は3の倍数であるため、3で割った余りは0です。

そのため、☆が3の倍数だといえます。☆は素数であるため、☆ = 3のみが成り立ちますね。

CHAPTER 2 神速・解答編

☆ = 3 を代入して $n^3 - 7n + 9 = 3$ になります。

$n^3 - 7n + 6 = 0$ になりますが、これを満たす n は何かあります
か？

$n = 1$ を代入してみると $1 - 7 + 6 = 0$ ですよね。

$n = 2$ を代入しても同じく 0。

実験で出たように、$n = 1$ や $n = 2$ を代入して ☆ = 3 になったこと
からも、わかりますね。

ただ、答えは $n = 1$ と $n = 2$ だけじゃないんですよね。

$n = 1$ と $n = 2$ は必ず解にあるから $(n - 1)(n - 2)$ で因数分解でき
る。あとは定数部分を 6 にそろえるために $(n + 3)$ が出てくるはず。
実はこれ、$(n - 1)(n - 2)(n + 3) = 0$ に因数分解できるわけです。
つまり、答えは $n = 1,\ 2,\ -3$ となります。

$$n^3 - 7n + 9 = 3$$
$$n^3 - 7n + 6 = 0$$
$$(n - 1)(n - 2)(n + 3) = 0$$
$$\underline{n = 1,\ 2,\ -3}$$

答えが求まりました。でもここからです。

この問題からどんどん深掘りをしてほしいんです。さらに時短で
解く方法があるんです。ここからさらに楽しくなりますよ！

✅ [ヒント5/5] 解法2

3 の倍数を示すところを mod を使えば簡単になりましたが、計算
に時間がかかりますね。他に解く方法がないか考えます。

これがまた面白いんですよ。ヒントを出しますね。

— 128 —

$n^3 - 7n + 9$ を次のように分割することです。

$$n^3 - 7n + 9$$
$$= n^3 - n - 6n + 9$$

3の倍数を示したいわけじゃないですか。

$-6n + 9$ って必ず3の倍数ですよね。

そして $n^3 - n$ はこんな風に因数分解できますよね。

$$n^3 - 7n + 9$$
$$= n^3 - n - 6n + 9$$
$$= (n-1)\,n\,(n+1) - 6n + 9$$

$(n-1)\,n\,(n+1)$ って、連続する3つの数の積ですよね。

つまり、$1 \times 2 \times 3$ や $5 \times 6 \times 7$ のように、必ずどれかに3の倍数が含まれているんです。

すなわちこの式変形だけで、3の倍数だと言ってもOKです。

modとか知らなくても、これで3の倍数だってわかる。これはまさに1分で解ける奇跡の1問と言えますね。

✔ [ポイント]

おそらく京都大学の問題は答えを出すこと自体はできるかもしれません。ただ「君はどんな解法で、この問題を料理するんだ？」っていう出題者からのメッセージがあると思いました。数学が得意ではない人ほど、ぜひこういう問題にチャレンジしてほしいんです。得意な人もただ解けたじゃなくて、別解も含めて考える、そして考えること自体を楽しめる人が日本中に増えてほしいなと思います。

答え

$n^3 - 7n + 9$ が素数となる
整数 n をすべて求めよ

〈解法1〉

n	$n^3 - 7n + 9$
-1	15
0	9
1	3
2	3
3	15
4	45
⋮	⋮

3の倍数となると
相別できる。

「すべての整数 n において
$n^3 - 7n + 9$ は 3の倍数となる」 …(※) ことを 示す。
($n^3 - 7n + 9 \equiv 0 \pmod 3$ を 示す)

(i) $n \equiv 0 \pmod 3$ のとき

$n^3 - 7n + 9 \equiv 9 \equiv 0 \pmod 3$

(ii) $n \equiv 1 \pmod 3$ のとき

$n^3 - 7n + 9 \equiv 3 \equiv 0 \pmod 3$

(iii) $n \equiv 2 \pmod 3$ のとき

$n^3 - 7n + 9 \equiv 3 \equiv 0 \pmod 3$

以上より (※) が 示された。

$n^3 - 7n + 9$ が 素数かつ 3の倍数のとき

$n^3 - 7n + 9 = 3$ となるときのみ。

$n^3 - 7n + 6 = 0$

$(n-1)(n-2)(n+3) = 0$

∴ $\underline{n = 1, 2, -3}$。

〈解法2〉

(※) を mod を用いずに示す

$n^3 - 7n + 9$

$= n^3 - n - 6n + 9$

$= n(n^2-1) - 3(2n-3)$

$= (n-1)n(n+1) - 3(2n-3)$

ここで $(n-1)n(n+1)$ は連続する3整数の積なので

必ず6の倍数となる。

～の部分も 3の倍数となるので

$n^3 - 7n + 9$ は 3の倍数である。

(続きは解法1と同様)

問題
13

見事すぎる2解答
—— 整数問題

p が素数ならば
$p^4 + 14$ は素数でないことを示せ
＜2通りの解法で解け＞

（2021　京都大学・改）

　今回も京都大学のいわゆる1行問題。1つの問題から無数の学びを得てほしいので解法を2通り考えましょう。modを使うものと、中学生でもわかる2パターンを用意しました。数学の解法はたくさんあるほど面白いですから。

＼ヒント／

　問題文の「素数でないことを示せ」をどう数式に翻訳するかが鍵になります。もちろん p が素数なので、$p = 2,\ 3,\ 5,\ 7$ など具体的な値を代入して実験することも重要です。

CHAPTER
2 神速・解答編

✅［ヒント1/4］　問題の見方

　いったん問題文を吟味していきましょう。

　まず整数問題ということは、何となくわかると思うんです。

　「素数でないことを示せ」とはどういうことでしょうか？

　今回、$p^4 + 14$ が「素数でない」ということは、数学用語でいうと「1または合成数」ってことです。

　合成数は簡単に言うと、1とその数以外にも約数をもつ数のこと。例えば、4は1と4以外に2という約数をもつため、合成数といえます。また4は2の倍数と捉えることができますね。

　つまり、$p^4 + 14$ が「素数でない」ということは、「1と $p^4 + 14$ 以外の約数をもつ」ということと同等です。言いかえると $p^4 + 14$ は $p^4 + 14$ 以外の何かの倍数であるということです。

$p^4 + 14$ が素数でないならば、何かの倍数

　そこで〈整数問題の三大解法〉を思い出してください。

　どんな問題でもこの3パターンで考えるわけです。

　　　　　　　〈整数問題の三大解法〉
　　　　①足し算を積の形にする　（因数分解）
　　　　②条件から範囲を絞る
　　　　③倍数や余りに注目する

　おそらく教科書にない話ですが、平方数を見たらmodを考えるのがおすすめです。後でやりましょう。

－ 134 －

13　見事すぎる2解答 ── 整数問題

✔[ヒント2/4]　解法1

「$p^4 + 14$ が何かの倍数であることを示せ」ということで、まずやるべきは実験です。p が素数ということは、p は1ではなく、2か3か5か7か11か……です。$p = 2,\ 3,\ 5,\ 7$ を代入してみましょう。

$$
\begin{aligned}
p &= 2 \quad 2^4 + 14 = 30 \\
p &= 3 \quad 3^4 + 14 = 95 \\
p &= 5 \quad 5^4 + 14 = 639 \\
p &= 7 \quad 7^4 + 14 = 49^2 + 14 \\
&\qquad\qquad\qquad = 2401 + 14 \\
&\qquad\qquad\qquad = 2415
\end{aligned}
$$

それぞれ何の倍数でしょうか？

　$p = 2$ のとき、30は確実に3の倍数ですよね。

　$p = 3$ のとき、95は5の倍数。

　では、$p = 5$ のときはすぐには出ないかもしれません。そのときは各位の数を足し算してみてください。$6 + 3 + 9 = 18$ で、18は3で割れますから、639も3で割れる。3の倍数ですね。

　次は、$p = 7$ のとき、2415は5の倍数ですが、3の倍数でもあるんですよね。なぜかというと、さっきと同じように各位の和で考えて $2 + 4 + 1 + 5 = 12$ で3の倍数になりますから。

$$
\begin{aligned}
p &= 2 \text{のとき、3の倍数} \\
p &= 3 \text{のとき、5の倍数} \\
p &= 5 \text{のとき、3の倍数} \\
p &= 7 \text{のとき、3の倍数}
\end{aligned}
$$

CHAPTER 2 神速・解答編

pに素数を代入すると「おそらく、3の倍数か、5の倍数になるな」って考えてもいいんですけれども、この過程から、おそらくpが5以上のときはずーっと3の倍数になるんじゃないかなっていう予想が立てられます。そう予想したときに$p = 3$のときは5の倍数ですから違いますね。まずは答案として書きたいのはこれです。

<答案>
$p = 3$のとき、95で素数ではない

では私たちが示すのは何か、方針をここで立てましょう。

<方針>
$p \neq 3$のとき
$p^4 + 14$が3の倍数であることを示す

自分が示したいものを、方針として言葉で書く。こういうところが大事だと思うのです。さあ、この後、どうするんでしたっけ？

✓[ヒント3/4]　解法1

実験で方針が決まりましたが、次はどうするか。
「倍数や余りに注目する」としましょう。

今回は$p^4 + 14$が「3の倍数」ですけれども、pが「素数」であることにも注目しましょう。
pが素数、かつ$p \neq 3$ということは、3の倍数ではないため、「3で割ったら1余る」か、あるいは「3で割ったら2余る」と書けますよね。

— 136 —

p を k を用いて表してみましょう。k は、0以上の整数です。

$$p = 3k + 1$$
$$p = 3k + 2 \quad (k \geqq 0)$$

これを $p^4 + 14$ に代入して、3の倍数を示したい。
そこで mod を使いましょう。

$$p = 3k + 1 \quad \equiv 1 (mod\ 3)$$
$$p = 3k + 2 \quad \equiv 2 (mod\ 3)$$

こういうふうに mod を使った後、$p^4 + 14$ に代入していけば答え
になります。

今回「平方数を見たら mod を考えましょう」という話をしました
が、補足をお伝えします。
p は3で割ると、余りは0か、1か、2じゃないですか。
これが p^2 だと、余りが0、1、1になるんですよ。

p	0	1	2
p^2	0	1	1

p を3で割った余りは0、1、2の3種類ありますが、p^2 を3で割っ
た余りは、0か1の2通りしかないんです。これって、mod 4のとき
も同じです。
つまり、3で割って2余る数は絶対に平方数でないこともわかり
ます。ということは平方数を mod 3か、mod 4で考えるっていうの

— 137 —

神速・解答編

はとても大事なのです。

平方数を見たら mod 3 か、mod 4

今回も同様に考えると、$p \equiv 1 \pmod{3}$ も、$p \equiv 2 \pmod{3}$ も、2乗してあげると $p^2 \equiv 1$ になるんですよね。

$$p^2 \equiv 1 \pmod{3}$$

そうすると、$p^4 + 14 \equiv 15 \equiv 0 \pmod{3}$ となって、$p^4 + 14$ は3の倍数ということが示せました。

$$\begin{aligned}p^4 + 14 &\equiv (p^2)^2 + 14 \\ &\equiv 1^2 + 14 \\ &\equiv 15 \\ &\equiv 0 \pmod{3}\end{aligned}$$

しかし、これで終わると減点されてしまいますので、最後までしっかり書かないといけない。何を記すべきでしょうか？

もちろん $p^4 + 14 = 3$ だったら素数になってしまいますから、3より大きい数であることを記しましょう。

$p^4 + 14$ は3より大きい数なので素数ではない

こう書いて、フィニッシュになりました。

13 見事すぎる2解答 —— 整数問題

ただ、今回の問題は2通りで解けと言いました。今度はmodを使わずに$p^4 + 14$が3の倍数っていうのを別の方法で捉えましょう。それは因数分解に近いところです。ここから面白いですよ。

✓ [ヒント4/4] 解法2

次は中学数学でもわかるように解きます。

因数分解して、p^4を含む式になるような形をつくる。14という数は気持ち悪いですけど、例えばこういうのはどうでしょう。

$$p^4 + 14 = (p^4 - 1) + 15$$
$$= (p^2 - 1)(p^2 + 1) + 15$$
$$= (p + 1)(p - 1)(p^2 + 1) + 15$$

pは素数なので、$p \neq 3$ならば、そもそも3の倍数ではない。3で割ると1余るか、2余るわけです。

この式を見ると、例えばpが3で割って1余る数$(p = 3k + 1)$だったら、$p - 1$が$3k$になるので3の倍数になります。

また、pが3で割って2余る数$(p = 3k + 2)$だったら、$p + 1$は$3k + 3$になるので3の倍数になりますよね。

そして、15も3の倍数ですから、式変形だけで3の倍数だとわかるわけです。

modを使わなくても、こういう式変形で3の倍数っていうのがわかりました。あとは$p = 3$のときを考えてフィニッシュです。

— 139 —

CHAPTER 2 神速・解答編

✓ [ポイント]

　今回の問題のように、与えられた式が3の倍数かどうかを示すときには、modを使って解くやり方と、因数分解を使って解くやり方の2通りがありました。京都大学の入試はこうした問題が多いので、余裕がある人は他の問題でも試してみてください。

答え

p が素数 ならば p^4+14 は素数でないことを示せ

〈解法 1〉

p	p^4+14	（推測）
2	30	（3 か 5 の倍数）
3	95	（5 の倍数）
5	639	（3 の倍数）
7	2415	（3 か 5 の倍数）

- $p=3$ のとき $p^4+14=95$ と素数ではない

- $p \neq 3$ のとき

  素数 p のとき p^4+14 が 3 の倍数となることを示す。

  $p \neq 3$ かつ素数より、$p \equiv 1, 2 \pmod{3}$ のいずれか。

  (i) $p \equiv 1 \pmod 3$ のとき

  　$p^4+14 \equiv 1^4 + 14 \equiv 15 \equiv 0 \pmod 3$

  (ii) $p \equiv 2 \pmod 3$ のとき

  　$p^4+14 \equiv 2^4+14 \equiv 30 \equiv 0 \pmod 3$

  (i), (ii) より（※）は示された。

  また $p^4+14 \neq 3$ より p^4+14 は素数ではない。

以上より p が素数 となるとき

　p^4+14 は素数ではないことが示された。

〈解法2〉

(*)と別の方法で示す

$$p^4+14 = p^4-1+15$$
$$= (p^2+1)(p^2-1)+15$$
$$= (p-1)(p+1)(p^2+1)+15$$

$p=3k+1$ と表せるとき $p-1$ は $3k$ で …は 3 の倍数
$p=3k+2$ 〃 $p+1$ は $3k+3$ 〃

$p(\neq 3)$ が素数のとき, p^4+14 は 3 の倍数となる

∴ (*) が示された。

CHAPTER

3

快・解法 編

問題 14

嘘つきは誰？
── 全年齢挑戦問題

Aさん、Bさん、Cさんから
正直者、嘘つきを当てなさい

A「3人とも嘘つきだ」
B「2人が嘘つきだ」
C「1人だけが嘘つきだ」

（2008　千葉科学大学・改）

　「これ大学入試なの？」という問題を選びました。もしかしたら年齢関係なく解けるかもしれません。ただ、ここでは「数学的に記述できますか」ということに注意して進めていきたいと思います。

＼ヒント／

　嘘つきが誰かわからないため、一度、誰が正直者かを仮定して考えてみましょう。3人全員を一気に考えることは難しいため、1人ひとり正直者かを仮定して議論を進めましょう。

CHAPTER
3 快・解法編

✓ [ヒント1/3]　問題の見方

　A、B、Cが証言をしていて、この中に正直者と嘘つきが何人か
いる、と。

　もしかしたら全員、嘘つきかもしれません。

　もしかしたら全員、正直者かもしれない。

　嘘つきの人数はわからないんですけれども、それが誰なのかを求
めてくださいという問題です。

　大切な考え方は「仮定する」ということ。

　3人それぞれ正直者かどうか仮定してみましょう。

　まずは、Aから。

A「3人とも嘘つきだ」

　Aを正直者だと仮定すると、A、B、Cが嘘つき。

　でも、「Aは正直者」だと仮定したのに、これでは「Aも嘘つき」
になってしまう。これは矛盾です。

　これよりAが嘘つきとわかりました。

＜Aを検証＞

　Aが正直者だと仮定する

　→3人とも嘘つき　⇔　A、B、Cが嘘つき

　これは仮定に矛盾するため、Aは嘘つき

－ 146 －

14　嘘つきは誰？ —— 全年齢挑戦問題

✓[ヒント2/3]　解法

　次、先にCにいきましょう。

C「1人だけが嘘つきだ」

　Cが正直者だと仮定します。

　まず、Aが嘘つきなのは確定しています。

　1人だけが嘘つきなので「B、Cは正直者」になりますね。

　「Cは正直者」と仮定したわけですから確かに合っています。

　では、Bは正直者でしょうか？

　Bの証言は「2人が嘘つきだ」。

　Bが正直者だと仮定したら、A、Cは嘘つきになってしまいますよね。ここでCが矛盾してしまう。

　あるいはA、Bが嘘つきならBも嘘つきなので矛盾。

　よって「Cが正直者」と仮定したら矛盾が生まれたのでCは嘘つきとなりました。

＜Cを検証＞

Cが正直者だと仮定する

→Aが嘘つき　⇔　B、Cは正直者

→Bが正直者　⇔　A、Cは嘘つき

これは仮定に矛盾するため、Cは嘘つき

CHAPTER 3 快・解法編

✓[ヒント3/3] 解法

最後にBを考えましょう。

B「2人が嘘つきだ」

Bが正直者だと仮定しましょう。

すると、2人が嘘つき。

ということは、「A、Cが嘘つき」ですね。

＜Bを検証＞

Bが正直者だと仮定する

→A、Cが嘘つき　⇔　Bは正直者

→矛盾が生まれない

これは合っていますね！

答えは、B<u>が正直者。A、Cが嘘つき</u>です。

✓[ポイント]

今回、3人をそれぞれ正直者と仮定して矛盾を導いて背理法で答えを出していきました。ですが、例えば、嘘つきだと仮定して矛盾を導く方法でもOKです。

いわゆるこの嘘つき村の問題は感覚的に考えると難しくなりますが、数学的に、つまり論理的に考えると、意外と簡単に解くことができますね。

— 148 —

答え

> <u>正直者、嘘つきを当てなさい</u>
> A「3人とも嘘つきだ」
> B「2人が嘘つきだ」
> C「1人だけが嘘つきだ」

(i) Aが正直者だと仮定する。
　このときAの発言より
　A,B,C 3人が嘘つきとなり、矛盾。
　よって、Aは嘘つきである。

(ii) Cが正直者だと仮定する。
　(i)よりAは既に嘘つきで、B,Cは正直者となるが
　Bの発言よりA,Cが嘘つきとなるため矛盾。
　よって、Cは嘘つきである。

(i),(ii)より A,Cは嘘つきとなるため
Bの発言は正しい。ゆえに、Bは正直者である。

以上より　正直者　B
　　　　　嘘つき　A,C

解説動画は
こちら！

問題 15

一見複雑な3乗根問題
——ルート問題

$$\sqrt[3]{\sqrt{\frac{28}{27}}+1} - \sqrt[3]{\sqrt{\frac{28}{27}}-1}$$
の値を求めよ

（2002　大阪教育大・改）

　今回の問題、大学受験向けの数学参考書でよく見る問題です。一見複雑に見える問題も、ある工夫で一気に解ける道筋が見えてきます。発想自体はこれまでやってきた工夫と似ている部分は多いはずです。

\ヒント/

　このままでは手も出せないので、まずは $\alpha - \beta$ とおいてあげましょう。α^3 や β^3 が比較的きれいな数になるため、α と β の関係式を求めてみると何かが見えるはずです！

— 151 —

CHAPTER 3 快・解法編

✓［ヒント1/4］　問題の見方

　今回の式全体をまるごと文字でおいて、両辺を3乗してもいいですが、ルートがたくさん出て複雑になってしまいます。

　「困難は分割せよ」、ということでシンプルな形におきかえたい。カタマリごとに分割して文字でおきましょう。

$$\underbrace{\sqrt[3]{\sqrt{\frac{28}{27}}+1}}_{\alpha} \;-\; \underbrace{\sqrt[3]{\sqrt{\frac{28}{27}}-1}}_{\beta}$$

　α^3 をすると3乗根がはずれた状態になります。

　同様に考えると β^3 もこのようになるわけです。

$$\alpha^3 = \sqrt{\frac{28}{27}}+1 \quad \cdots\cdots ①$$

$$\beta^3 = \sqrt{\frac{28}{27}}-1 \quad \cdots\cdots ②$$

ここで手が止まるかもしれません。

　そうならないように、ゴールを考えないといけません。これが数学における鉄則「**ゴールから逆算**」ですね。

✓［ヒント2/4］　解法

　今回のゴールは $\alpha - \beta$ を求めること。

　でも、このままでは求められない。

　そこで視点を変えます。

－ 152 －

$\alpha^3 - \beta^3$ の式から $\alpha - \beta$ をつくれるといいですよね。

$\alpha^3 - \beta^3$ を計算すると、ちょうど2になります。

$$\alpha^3 - \beta^3 = \left(\sqrt{\frac{28}{27}} + 1 \right) - \left(\sqrt{\frac{28}{27}} - 1 \right)$$
$$= 2$$

で、$\alpha^3 - \beta^3$ を $\alpha - \beta$ を使った形に変形します。

高校でおそらく「因数分解」とか「対称式の変形」「交代式の変形」とかで習ったと思うんです。

$(\alpha - \beta)^3$ を考えてあげると、$\alpha^3 - \beta^3$ を $\alpha - \beta$ と $\alpha\beta$ の2種類で表せることがわかるはずです。

$$\alpha^3 - \beta^3 = (\alpha - \beta)^3 + 3\alpha\beta(\alpha - \beta) \quad \cdots\cdots ☆$$

式を整理しましょう。

「$\alpha - \beta$」が知りたいもの。わかっていないものが「$\alpha\beta$」ですね。$\alpha\beta$ さえわかれば $\alpha - \beta$ を求められそうですね。

✓ [ヒント3/4] 解法

$\alpha\beta$ を求めます。①×②を考えると、$\sqrt{\ }$ がはずれて、結果は $\frac{1}{3}$ になります。

①、②より

$$\alpha^3 \beta^3 = \left(\sqrt{\frac{28}{27}} + 1 \right) \left(\sqrt{\frac{28}{27}} - 1 \right)$$

$$= \frac{28}{27} - 1$$

$$= \frac{1}{27}$$

$$\therefore \alpha\beta = \frac{1}{3}$$

$\alpha\beta$ が求まりました。☆の式に代入します。

$$\alpha^3 - \beta^3 = 2$$

$$= (\alpha - \beta)^3 + 3\alpha\beta \ (\alpha - \beta)$$

$$= (\alpha - \beta)^3 + \alpha - \beta$$

式をシンプルな形にしたいので、$\alpha - \beta = t$ とおきましょうか。

$$(\alpha - \beta)^3 + (\alpha - \beta) = 2$$

$$\alpha - \beta = t \quad とおくと$$

$$t^3 + t - 2 = 0$$

本来のゴール、$\alpha - \beta (= t)$ を求めたいので、あとは方程式を解くだけです。

✔ [ヒント4/4] 解法

高校の数学Ⅱで習う高次方程式の考え方です。左辺が0になるようなtを見つけていきましょう。

$t = 1$ を代入すると、$t^3 + t - 2$ が0になります。

つまり、$(t - 1)$ という因数をもつことがわかります。

すなわち $t^3 + t - 2 = (t - 1)(t^2 + t + 2)$ となることがわかりました。

$$t^3 + t - 2 = 0$$
$$(t - 1)(t^2 + t + 2) = 0$$

$$
\begin{array}{r}
t^2 + t + 2 \\
t-1{\overline{\smash{\big)}\,t^3 + t - 2}} \\
\underline{t^3 - t^2} \\
t^2 + t - 2 \\
\underline{t^2 - t} \\
2t - 2 \\
\underline{2t - 2} \\
0
\end{array}
$$

最後に、α と β は実数ですよね。

ということは t も実数。$(t^2 + t + 2)$ という2次方程式は虚数解をもつ。逆にいうと実数解をもちません。t は実数なので $t = 1$。

つまり、問題の式の値は <u>1</u> という、非常にシンプルな答えになりました。

✔ [ポイント]

3乗根の同様の問題を見たら、まずは分割して文字でおいてみることが肝要です。3乗して式をシンプルな形にすることも大事ですが、今回のようにゴールから逆算をして何を求めるべきかを考えながら解く練習もこなしていきましょう。

答え

$$\sqrt[3]{\sqrt{\frac{28}{27}}+1} - \sqrt[3]{\sqrt{\frac{28}{27}}-1} \text{ の値を求めよ}$$

$\sqrt[3]{\sqrt{\frac{28}{27}}+1} = \alpha$

$\sqrt[3]{\sqrt{\frac{28}{27}}-1} = \beta$ とおくと、求める式は $\alpha - \beta$ となる

また

$\sqrt{\frac{28}{27}}+1 = \alpha^3$ …①

$\sqrt{\frac{28}{27}}-1 = \beta^3$ …② となる

①−② より $\alpha^3 - \beta^3 = 2$ …③

また ①×② より

$\alpha^3 \beta^3 = \frac{28}{27} - 1 = \frac{1}{27} = \left(\frac{1}{3}\right)^3$

$\therefore \alpha\beta = \frac{1}{3}$ …④

ここで

$\alpha^3 - \beta^3 = (\alpha-\beta)(\alpha^2 + \alpha\beta + \beta^2)$
$\qquad = (\alpha-\beta)\{(\alpha-\beta)^2 + 3\alpha\beta\}$

$\alpha - \beta = x$ とおくと ③④ より

$2 = x(x^2 + 1)$

$x^3 + x - 2 = 0$

$(x-1)(x^2 + x + 2) = 0$

ここで $x^2 + x + 2 = \left(x+\frac{1}{2}\right)^2 + \frac{7}{4} > 0$ となり

xは実数であるため $x = 1$

以上より $\underline{\alpha - \beta = 1}$

\解説動画は/
こちら！

問題

16

発想が天才すぎる解法
——ルート問題

$$f(x) = \sqrt{x^2 - 2x + 2}$$
$$+ \sqrt{x^2 - 6x + 13}$$

の最小値を求めよ

（x は実数）

「発想が天才すぎる！」と思わず言ってしまうような問題です。誰かに出題したくなる欲であふれます。これを微分禁止で考えてみましょう。実は高校1年生、ひいては中学数学の発想で解けるかもしれません。

\ ヒント /

「数式をグラフや図で考える」ということに尽きます。√を見たら何を考えますか？

CHAPTER
3
快・解法編

☑ [ヒント1/3] 問題の見方

2種類の$\sqrt{}$の中身を同時に考えることは大変なので、それぞれの$\sqrt{}$の値を別々に考える必要があります。

いったん$\sqrt{x^2 - 2x + 2}$だけの最小値を考えます。

すると、$\sqrt{}$がありますけれども、中身が2次関数なので平方完成、すなわち2乗のカタマリをつくる工夫ができると考えます。

$$\sqrt{x^2 - 2x + 2} = \sqrt{(x-1)^2 + 1}$$

$\sqrt{x^2 - 2x + 2}$だけだったら、単純に$x = 1$のとき最小値$\sqrt{1}$、つまり1といっていいですね。

同様に$\sqrt{x^2 - 6x + 13}$はどうなるでしょう。

$$\sqrt{x^2 - 6x + 13} = \sqrt{(x-3)^2 + 4}$$

これは$x = 3$のとき、最小値$\sqrt{4}$。つまり2をとります。

まとめると次のようになります。

$$\sqrt{x^2 - 2x + 2} \text{ は } x = 1 \text{ のとき最小値} 1$$
$$\sqrt{x^2 - 6x + 13} \text{ は } x = 3 \text{ のとき最小値} 2$$

それぞれ最小値をとるときのxが異なりますよね。

今回は$\sqrt{}$同士を足し算したものの最小値を求めるわけですが、xが異なるため、どんなxで最小値をとるかがわからないんです。

— 158 —

少し発想を変えましょう。

数式で困ったら図形や座標で考える！

どういうことか、一緒に考えていきましょう。

✓ [ヒント2/3] 解法

まず、式を確認します。
1って1^2、4って2^2ですよね。
つまり、こうできるんじゃないですか？

$$\sqrt{x^2-2x+2} = \sqrt{(x-1)^2+1}$$
$$= \sqrt{(x-1)^2+1^2}$$

$$\sqrt{x^2-6x+13} = \sqrt{(x-3)^2+4}$$
$$= \sqrt{(x-3)^2+2^2}$$

$\sqrt{}$の中身が●^{2}＋▲^{2}になっていますね。
これ、どこかでやりませんでした？

「三平方の定理」と思うわけですよ。中学数学でやりますよね。
つまり、視点を変えてみると「何かの距離」を表しているのではないか？　と考えてみます。

$\sqrt{(x-1)^2+1^2}$ は、$(x, 0)$ と $(1, 1)$ の距離じゃないか、と。
P$(x, 0)$、A$(1, 1)$とすると、こうなります。

$$\sqrt{x^2-2x+2} = \sqrt{(x-1)^2+1^2} = AP$$

これをグラフにかいてみましょう。

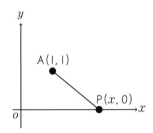

x は正とは限らないので、P は x 軸のどこでもありえます。

同様に、$\sqrt{(x-3)^2+2^2}$ は、P$(x, 0)$、B$(3, 2)$ とおいた2点の距離。

$$\sqrt{x^2-6x+13} = \sqrt{(x-3)^2+2^2} = BP$$

これもグラフにかいてみましょう。

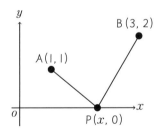

B(3, 2)としていますが、もっとわかりやすくして、(3, −2)にしたらどうでしょうか。

なぜ、「−2」にしていいかというと、(3, −2)にしたとしても、$(-2)^2 = 4$であり、B′(3, −2)とするとBP = B′Pとなるためです。

では、APとPB′の距離の和の最小値を求めていきましょう。

✓ [ヒント3/3] 解法

図形的に捉えると、もうゴールは見えていますよね。

AとB′は固定されています。Pはx軸上を正にも負にも、ありえますけど、どこにあればAP + PB′が最小でしょうか?

まさに最短距離の問題。AP + PB′の最短距離はまっすぐAB′を結ぶことでAP + PB′ ≧ AB′になるはずです。

この理由をもう少し詳しく説明しましょう。
最短距離の場合のAB′とx軸の交点をP′とします。

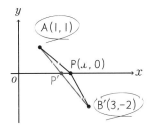

$f(x)$の最小値はAP′ + P′B′ = AB′のことですよね。
つまり、図のP′を使って数式で表すとこうなり、AB′が最小であることがわかります。

$$AP + PB' \geqq AP' + P'B' = AB'$$

あとはAB′の長さを求めましょう。

AとB′のx座標の差が2だから2^2、y座標の差が3だから3^2で、計算すると$\underline{\sqrt{13}}$、ということでフィニッシュです。

✓ [ポイント]

この問題の解法の発想が天才すぎると言いましたが、数式を見て「図形とか座標にしたらどうなるだろう？」という発想が面白いですよね？　この問題を誰かに出してみてください。ぜひ、この感動を共有してあげてほしいんです。そして数学の魅力とか楽しさを感じた上で、もっと解きたい、もっと数学をやりたいとなってもらえれば本望です。

答え

$$f(x) = \sqrt{x^2-2x+2} + \sqrt{x^2-6x+13}$$
の最小値を求めよ（xは実数）

$\sqrt{x^2-2x+2} = \sqrt{(x-1)^2+1^2}$ …①

$\sqrt{x^2-6x+13} = \sqrt{(x-3)^2+2^2}$ …②

座標平面で考えると

①は、$P(x,0)$ と $A(1,1)$ の距離（$=AP$）

②は $P(x,0)$ と $B(3,2)$ 〃 （$=BP$）

図示すると下図のようになる。

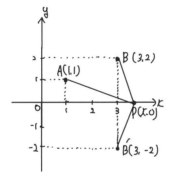

上記より $AP+BP$ の最小値を求める

$B'(3,-2)$ とすると $BP = B'P$ より

$AP + BP = AP + B'P$

また AB' と x軸の交点を P' とすると

$AP + BP \geqq AP' + B'P' = AB'$

$A(1,1), B'(3,-2)$ より $AB' = \sqrt{2^2+3^2} = \sqrt{13}$

以上より 求める最小値は $\underline{\sqrt{13}}$

解説動画は
こちら！

問題
17

引っかけ注意の感動解法──
整数問題

$$2^a + 4^b + 8^c = 328$$

を満たす自然数の組 (a, b, c) を

全て求めよ

今回は感動解法が盛りだくさん！ 整数問題の超良問に挑戦です。ただし、引っかけ注意です。海外でも話題ですが、答えに行き着くまでの考え方がすごいんです。今回皆さんに紹介したいと思います。

\ ヒント /

組み合わせなので、たくさんありそうに思えますが、a、b、c が自然数なので、c から範囲を絞れそうです。このように条件から範囲を絞りながら、a、b を求めていきましょう。

— 165 —

CHAPTER
3 快・解法編

✓ [ヒント1/7]　問題の見方

整数問題をどう解くか。

まずはこれでしたね。〈整数問題の三大解法〉です。

<整数問題の三大解法>
①足し算を積の形にする　（因数分解）
②条件から範囲を絞る
③倍数や余りに注目する

どのようにして初見の問題を解くか。引っかかるところも一緒に考えてみてください。

まず準備としては、指数の底を2にそろえること。

$$2^a + 2^{2b} + 2^{3c} = 328$$

そして整数問題の三大解法。①から行いたいですが、私としては指数絡みの問題や実践的な問題では次の順番をオススメします。

<指数絡みの実践的な問題>
②条件から範囲を絞る
①足し算を積の形にする　（因数分解）
③倍数や余りに注目する

②→①→③の順番で攻略！

- 166 -

17 ┃ 引っかけ注意の感動解法 —— 整数問題

☑ [ヒント 2/7]　解法 1

　まずは条件から範囲を絞ります。

　a、b、c が自然数ですから、これがわかるんです。

$$a \geqq 1, \ b \geqq 1, \ c \geqq 1$$
$$3c < 9 \ \text{より} \quad c = 1, 2$$

　$2^7 = 128$、$2^8 = 256$ ですが、$2^9 = 512$ となり、328 を超えてしまいます。つまり、$c = 3$ では式が成り立ちません。

　まず c を1か2に一気に絞ることができました。

　あとは、$c = 1$ のとき、$c = 2$ のときの a、b を考えましょう。

　式を整理するとこうなります。

$$(i) c = 1 \text{のとき}$$
$$2^a + 2^{2b} + 2^3 = 328$$
$$2^a + 2^{2b} = 320$$

$$(ii) c = 2 \text{のとき}$$
$$2^a + 2^{2b} + 2^6 = 328$$
$$2^a + 2^{2b} = 264$$

　次は、これをどうやって解くか。

— 167 —

CHAPTER
3 快・解法編

✓ [ヒント3/7] 解法1

まず同じように条件から範囲を絞るとどうなるか。

$$2^{2b} \leqq 2^9 \, (= 512)$$
$$2b \leqq 9$$
$$\therefore b = 1, \ 2, \ 3, \ 4$$

この方法でも解けますが、場合分けがややこしくなるので今回は別の方法で解いてみます。

どうするかというと三大解法の①「**因数分解**」です。

なぜ、①なのか。例えば次の例題がヒントになります。

$$2^p + 2^q = 40$$
$$p < q \text{ であり、} p 、q は自然数$$

このとき、どうやって因数分解するか。

$$2^p + 2^q = 40 \, (p < q)$$
$$2^p (1 + 2^{q-p}) = 40$$

因数分解しましたがその後、どうするか。

ここで三大解法の③「**倍数か余りに注目**」が登場します。

この③によって、p、q を一気に求めることができます。

今回は「倍数」に注目です。

「余り」では mod をよく使います。一方で、偶数・奇数や素数絡みのときは「倍数」に注目と覚えておいてほしいです。

— 168 —

どこが、偶数・奇数、素数か。

掛け算になっている 2^p、$1 + 2^{q-p}$ という整数です。

p は自然数ですから、2^p は2の倍数で偶数ですよね。

$1 + 2^{q-p}$ は、2^{q-p} が偶数で、それに $+1$ なので奇数。

偶数×奇数の形になっているわけです。

40を素因数分解すると、$2^3 \times 5$。

$$\underset{\text{偶}\,(=2^3)}{2^p} \; \underset{\text{奇}\,(=5)}{\left(1 + 2^{q-p}\right)} = \underset{\text{偶}}{2^3} \times \underset{\text{奇}}{5}$$

偶数の部分「2^p」は「2^3」、奇数の部分「$1 + 2^{q-p}$」が「5」になります。ということは、$p = 3$、$q = 5$ とわかります。

$2^p + 2^q$ に代入すると $8 + 32 = 40$ だから合っていますね。

この例題で三大解法の使い方のヒントになったでしょうか？

では元の問題に戻って、②→①→③の順で解きます。

✓ [ヒント4/7]　改めて本題

ここで、ポイントの式を振り返っておきましょう。

$$(i)\, c = 1 \text{ のとき}$$
$$2^a + 2^{2b} = 320$$

$$(ii)\, c = 2 \text{ のとき}$$
$$2^a + 2^{2b} = 264$$

CHAPTER 3 快・解法編

$c = 1$，2のときをそれぞれ求めていきます。

（ⅰ）$c = 1$のとき。

2^aでくくります。

320を素因数分解すると、8×40。なので$2^6 \times 5$。

ということで2^aが2^6で、$1 + 2^{2b-a}$が5（奇数）になるわけです。

$$2^a + 2^{2b} = 320$$

$$\underbrace{2^a}_{=2^6}\ \underbrace{(1 + 2^{2b-a})}_{=5} = 2^6 \times 5$$

aが6と出たので、同じ要領でbも求めましょう。

$$a = 6 \text{ のとき}$$
$$1 + 2^{2b-6} = 5$$
$$\Leftrightarrow 2^{2b-6} = 4\,(\,= 2^2)$$
$$\therefore 2b - 6 = 2$$
$$b = 4$$

つまり、$c = 1$のとき、$a = 6$、$b = 4$だと出ました。

✅ [ヒント5/7] 解法1

次、（ⅱ）$c = 2$のとき。

これも同様に解きましょう。

264は、$264 \div 4 = 66$、$66 \div 2 = 33$なので8×33。

つまり、$2^3 \times 33$です。

2^aは2^3で、$1 + 2^{2b-a}$が33（奇数）なのでこうなります。

17 引っかけ注意の感動解法 —— 整数問題

$$\underbrace{2^a}_{=2^3}\underbrace{(1+2^{2b-a})}_{=33}=2^3\times33$$

$a=3$ と答えが出たので、b を求めます。

$$a=3 \text{ のとき}$$
$$1+2^{2b-3}=33$$
$$\Leftrightarrow 2^{2b-3}=32\,(=2^5)$$
$$\therefore 2b-3=5$$
$$b=4$$

だから、$c=2$ のとき、$a=3$、$b=4$。

これで答えが $(a,\ b,\ c)=(6,\ 4,\ 1)\ (3,\ 4,\ 2)$。

……ではないんですね。何が引っかけか振り返ってみましょう。

✓ [ヒント6/7] 解法1

まずは (i)$c=1$ のとき。

$$(i)\,c=1 \text{ のとき}$$
$$2^a+2^{2b}=320$$

2^a でくくり、$a=6$、$b=4$ を出しましたね。

ということは、320 は 2^6+2^8 で表されるわけですよね。

$$2^6+2^8=320$$

何がおかしいか気づきましたか？

— 171 —

CHAPTER 3 快・解法編

2^aでくくったのはあくまでも、$a < 2b$の場合ですよね。

問題では特にそのように書かれていない。

$a > 2b$の場合を忘れていたんですね。

つまり、2^aが2^8で、2^{2b}が2^6でもよいわけです。

$2^8 + 2^6$になるので$a = 8$、$b = 3$。

さっきの答えに $(a, b, c) = (8, 3, 1)$ を忘れていましたね。しっかり範囲をおかないと、ミスが起きる問題ですね。

では、(ii) はどうでしょう？

$$(ii) c = 2 のとき$$
$$2^a + 2^{2b} = 264$$

$a = 3$、$b = 4$が出ました。$(a < 2b$のとき$)$

つまり、2^aが2^3で、2^{2b}が2^8ということですね。

$$2^3 + 2^8 = 264$$

$a > 2b$のときは$2^a = 2^8$、$2^{2b} = 2^3$となります。

でも、2^{2b}で2の偶数乗ですよね。そのためこれを満たすa、bは存在しません。

つまり、(i)のときに忘れていた答えを増やしたものも合わせて3つではじめて正解ということです。

$$\underline{(a, b, c) = (6, 4, 1) (3, 4, 2) (8, 3, 1)}$$

さて、今回の問題の肝は$c = 1$, 2がすぐに出るかどうかでした。

― 172 ―

17 引っかけ注意の感動解法 —— 整数問題

出ない場合にはどうやって解くか、別解を考えていきましょう。

☑[ヒント7/7]　解法2

準備段階として、下記のようにしました。

$$2^a + 2^{2b} + 2^{3c} = 328$$

私だったら $2b$、$3c$ がややこしいので、p、q、r を使った式を先に考えてみます。

$$2^p + 2^q + 2^r = 328$$
$$p \leq q \leq r としても一般性は失われない$$

この形にすることで対称性が生まれます。つまり、p、q、r を入れかえても同じ。たとえ大小関係を $p \leq q \leq r$ としても一般性は失われないんです。このようにして、後から順番を調整します。

先ほどは $c = 1, 2$ って絞りましたけれども、この方法でやると絞らなくても出せるんです。これが面白い感動解法です。

さて、2^p が一番小さいということは、2^p でくくりましょう。
328 は $2^3 \times 41$ ですね。

$$\underset{=2^3}{2^p} \underset{=41}{(1 + 2^{q-p} + 2^{r-p})} = 2^3 \times 41$$

— 173 —

CHAPTER 3 快・解法編

2^p は偶数、$1 + 2^{q-p} + 2^{r-p}$ は奇数なので、2^p が 2^3、$1 + 2^{q-p} + 2^{r-p}$ が 41 になります。

$$1 + 2^{q-p} + 2^{r-p} = 41$$
$$\Leftrightarrow 2^{q-3} + 2^{r-3} = 40 \quad (\because p = 3)$$
$$\Leftrightarrow 2^q + 2^r = 2^6 \times 5$$

次、2^q と 2^r では 2^q のほうが小さいから、2^q でくくります。

$$2^q \left(1 + 2^{r-q}\right) = 2^6 \times 5$$

さらに同様に 2^q が偶数、$1 + 2^{r-q}$ が奇数ですから、$q = 6$ で、$1 + 2^{r-q}$ が 5 です。

$$q = 6 \quad \text{のとき}$$
$$1 + 2^{r-6} = 5$$
$$\Leftrightarrow 2^{r-6} = 4\,(\,= 2^2)$$

$$\therefore r - 6 = 2$$
$$r = 8$$

p、q、r が出ました。

$$(p,\ q,\ r)\ =\ \{3,\ 6,\ 8\}$$

－ 174 －

対称性より$p \leqq q \leqq r$っておいていますから、これをバラしたい。

つまりp、q、rの順番を考えないで言うと、上のような書き方をします。わかりやすくすると、この6つになりましたよね。

$$(3, 6, 8) \, (3, 8, 6) \, (6, 3, 8)$$
$$(6, 8, 3) \, (8, 3, 6) \, (8, 6, 3)$$

あとはp、q、rをa、$2b$、$3c$におきかえてみましょう。

a、b、cは自然数。ということは、この$3c$に当たるrは必ず3の倍数じゃないといけません。

ということは、$(3, 6, 8)$と$(6, 3, 8)$はダメですね。

次、qに当たるところ。$2b$は偶数じゃないといけない。

ということは、$(8, 3, 6)$もダメなんですよ。

ということで残るのは次の3つ。

$$(3, 8, 6) \, (6, 8, 3) \, (8, 6, 3)$$

これをa、$2b$、$3c$とおきかえて考えると、自然数の組(a, b, c)は次の3つになります。

$(3, 8, 6)$ に当たるのが $\underline{(3, 4, 2)}$
$(6, 8, 3)$ に当たるのが $\underline{(6, 4, 1)}$
$(8, 6, 3)$ に当たるのが $\underline{(8, 3, 1)}$

CHAPTER 3 快・解法編

✓ [ポイント]

別解の肝は $2^p + 2^q + 2^r = 328$ とおけたかどうかです。

このように文字を設定すれば一般性は失われないと考えると、漏れなく、ダブりなく、解くことができます。

これに気づかずにやると、漏れが出てしまうんですよね。

漏れが出ないように考えるとしたら、②「条件から範囲を絞る」、あるいは「範囲を設定する」ということを忘れずに。

今回、〈整数問題の三大解法〉を実践的に使うことをやりました。ぜひ友だちとか先生にもアウトプットしてみてください。

答え

$2^a + 4^b + 8^c = 328$ を満たす
自然数の組 (a,b,c) をすべて求めよ

〈解法 1〉

$2^a + 2^{2b} + 2^{3c} = 328$ …①

$c \geqq 3$ のとき $2^{3c} \geqq 2^9 = 512$ となり、①を満たさない。

c は自然数より $\underline{c = 1, 2}$

(1) $c = 1$ のとき

$2^a + 2^{2b} + 8 = 328$

$2^a + 2^{2b} = 320 = 2^6 \cdot 5$

(ア) $a = 2b$ のとき （左辺）$= 2 \cdot 2^a$ は 5 の倍数とならず不適

(イ) $a < 2b$ のとき

$2^a + 2^{2b} = 2^6 \cdot 5$

$\iff 2^a(1 + 2^{2b-a}) = 2^6 \cdot 5$

$2b - a > 0$ より $1 + 2^{2b-a}$ は奇数

また $a \geqq 1$ より 2^a は偶数となる

$a = 6$ かつ $1 + 2^{2b-a} = 5$

$\therefore \underline{a = 6 \text{ かつ } b = 4}$

(ハ) $a > 2b$ のとき

$2^{2b}(1 + 2^{a-2b}) = 2^6 \cdot 5$

(ロ)と同様に考えると $2b = 6$ から $a - 2b = 2$

∴ $\underline{a = 8 \ \text{から} \ b = 3}$

よって (i) のとき

$(a, b, c) = (6, 4, 1), (8, 3, 1)$

(ii) $c = 2$ のとき

$2^a + 2^{2b} + 64 = 328$

$2^a + 2^{2b} = 264 = 2^3 \cdot 3 \cdot 11 \ \cdots$

(エ) $a = 2b$ のとき （左辺）は 11 の倍数とならず不適

(オ) $a < 2b$ のとき

$2^a + 2^{2b} = 2^a(1 + 2^{2b-a}) = 2^3 \cdot 33$

(ロ)と同様に考えると $a = 3$ から $2b - a = 5$

∴ $\underline{a = 3 \ \text{から} \ b = 4}$

(カ) $a > 2b$ のとき

$2^a + 2^{2b} = 2^{2b}(1 + 2^{a-2b}) = 2^3 \cdot 33$

$1 + 2^{a-2b}$ は奇数 から 2^{2b} は偶数となる

ただし b は自然数より $2b = 3$ とならず不適

(ii) のとき $(a, b, c) = (3, 4, 2)$

以上より (i), (ii) を合わせて

$\underline{(a, b, c) = (6, 4, 1), (8, 3, 1), (3, 4, 2)}$

＜解法2＞

$2^a + 2^{2b} + 2^{3c} = 328$ …①

ここで $2^p + 2^q + 2^r = 328$ …② について考える

p, q, r の対称性より、$p < q < r$ としても一般性は失われない。

$2^p(1 + 2^{q-p} + 2^{r-p}) = 2^3 \times 41$

～～は奇数より、$p = 3$ かつ $2^{q-p} + 2^{r-p} = 40$

∴ $2^{q-3} + 2^{r-3} = 40$

$\Leftrightarrow 2^{q-3}(1 + 2^{r-q}) = 2^3 \times 5$

～～は奇数より $q - 3 = 3$ かつ $r - q = 2$

∴ $q = 6, r = 8$

よって $p < q < r$ のとき②を満たすのは $(p, q, r) = (3, 6, 8)$

大小関係の制限をなくすと

$(p, q, r) = (3, 6, 8), (3, 8, 6), (6, 3, 8),$
$(6, 8, 3), (8, 3, 6), (8, 6, 3)$

$p \to a, q \to 2b, r \to 3c$ に書きかえると

a, b, c が自然数より、$2b$ は偶数かつ $3c$ は3の倍数

ゆえに $(a, 2b, 3c) = (3, 8, 6), (6, 8, 3), (8, 6, 3)$

∴ $(a, b, c) = (3, 4, 2), (6, 4, 1), (8, 3, 1)$

解説動画はこちら！

問題

18

中学生でも京大入試が
解ける裏技——確率・場合の数

1歩で1段、または2段の
いずれかで階段を昇るとき
(2段連続は不可)、15段の階段を
昇る昇り方は何通りか

(2007　京都大学・改)

　今回は京都大学の入試問題、場合の数に挑戦したいと思います。
「確率」「整数」と、今回の「場合の数」の3つは、入試で差がつく
分野トップ3といっても過言ではありません。

＼ ヒント ／

　まずは小さな数で考えてみましょう。15段の階段を昇る方法を考
えるのではなく、例えば3段や4段の階段を昇るとしたらどんな組み
合わせがあるかを考えることで、あるルールが見えてくるはずです。

CHAPTER 3 快・解法編

☑️ [ヒント1/5] 問題の見方

　今回の問題で意識したいのは、大きく分けて2つです。

　1つめは、「**初見でどういった考え方をするか**」です。

　一般的な問題集の解答では、答えがわかっている前提で解説するものが多いですよね。この本では初めて問題を見たときにどう考えるか、愚直なやり方も含めてお伝えします。

　そして2つめは、確率や場合の数において一番大切な、「**別解を考えること**」です。

　今回は1通りで解けると思うんですけれども、2通り、3通りになったときにどういう方法で解くか、どういう思考回路で解くか。そこまでお見せします。

　さて、まずは実験をしてみましょう。

　「3段目まで昇る」ときには何通りありそうですか？

　まずは1段ずつ昇る「1、1、1」というパターン。

　2段でも昇る「1、2」と「2、1」もありますね。

　では、段が増えて4段目になると、どうなるか。

　「1、1、1、1」みたいにずーっと1というパターンもあれば、どこかで2が入るパターンもあります。

　「2、2」はできませんよね。

　2の連続はできないから、2の後は必ず1です。

　実験から私が思ったことをざっくり言うと、1と2の並びを考えればいいんじゃないかってことです。

　ただここからどうするか悩みますよね。

— 182 —

18 中学生も京大入試が解ける裏技 —— 確率・場合の数

✓ [ヒント2/5] 解法1

1と2の並びってことでしたけれども、全部で15段ですよね。
まず、1を15回で15段昇れます。これで1通り。

次は、2が入る場合、どこに2を入れるか。
2が1回だけ入るのって、どんなときでしょう。
2が1回入ると、あとは1が13回です。
1で13段昇って最後だけポヨンと2段昇る、逆に、最初に2段昇ってあとは1段ずつ昇るというのがありますね。他には「1、1、1……」の途中で2が入るパターンもありますよね。

どうやって考えるか。
まず、1を考えて、1を13個並べます。

$$| \quad | \quad | \quad | \quad | \quad | \quad | \quad | \quad | \quad | \quad | \quad | \quad |$$
$$\wedge \ \wedge \ \wedge \ \wedge \ \wedge \ \wedge \ \wedge \ \wedge \ \wedge \ \wedge \ \wedge \ \wedge \ \wedge \ \wedge$$

2を入れる場所は、何個あるでしょうか?

最初と最後、間を合わせて、14個ですよね。（∧の数）
これは「2を入れる箇所を14個の中から1個選ぶこと」と同じなので「$_{14}C_1$」。よって14通りになります。

<15段昇る方法メモ>
① 1が15回　1×15
　　→1通り
② 2が1回　1が13回　2+1×13
　　→$_{14}C_1$　14通り

— 183 —

CHAPTER 3 快・解法編

✓ ［ヒント3/5］ 解法1

次は2を2回入れた場合はどう考えましょうか。

全部で15段なので、2は「$2 \times 2 = 4$」と1が「$1 \times 11 = 11$」で、足して15になればいいと。

先ほどと同じように考えて、まず1を11個並べ、その間に2が2個入れればよさそうですね。

$$| \quad | \quad | \quad | \quad | \quad | \quad | \quad | \quad | \quad | \quad |$$
$$\wedge \ \wedge \ \wedge \ \wedge \ \wedge \ \wedge \ \wedge \ \wedge \ \wedge \ \wedge \ \wedge \ \wedge$$

2が入る箇所は12あり、その中に2を2個入れればいいので、$_{12}C_2$で求まるんです。これは計算すると66通り。

「あれ？　意外と簡単そう！」と思えてくるかもしれません。ただ、別解で面白いものがありますので、楽しみにしていてください。

では次、2が3個のとき。1が9個ですよね。
同じように考えると $_{10}C_3$ 通りになります。
次、2が4個と考えると、$_8C_4$ 通り。
さらに同じように考えると、2が5個のときは $_6C_5$ 通りですね。
2が6個以上あると、2のほうが1よりも個数が多いので、絶対どこかで2が連続してしまう。だから、2が5個で終わりです。

つまり、「1通り」「$_{14}C_1$通り」「$_{12}C_2$通り」「$_{10}C_3$通り」「$_8C_4$通り」「$_6C_5$通り」を全部足せば答えになります。

これを実際に計算してみますと、$_{10}C_3 = 120$、$_8C_4 = 70$、$_6C_5 = 6$ですね。これを全部足して、答えが277になります。

— 184 —

ここまで意外とすんなりできた方もいると思うのですが、京都大学はここからなんですよ。もちろん、京都大学のこの問題に関してはこれで満点です。ただ、もっといろんな解き方がありますよ。

✓ [ヒント4/5] 解法1

今のは簡単な方法です。それよりも難しくなりますが、もっと数学的に解いていきましょう。どうするかというと「2がk個」というように文字でおいて考えます。

$$2\text{が}k\text{個あるとき、}1\text{は}(15-2k)\text{個}$$
$$\text{組み合わせは}_{16-2k}C_k\text{となる。}$$

$k = 0$, 1, 2, 3, 4, 5 を代入して求まります。

$$_{16}C_0 + {}_{14}C_1 + {}_{12}C_2 + {}_{10}C_3 + {}_8C_4 + {}_6C_5 = \underline{277}$$

答えが求まりました。文字でおくことで漏れが減ります。

✓ [ヒント5/5] 解法2

続いては、中学生でも解ける別解を考えてみましょう。

漸化式を使います。高校生で習う範囲ですが、考え方自体は中学生だけでなく小学生でも理解できるはずです。

基本的に、場合の数と確率は、愚直に解くのがほとんどだと思います。はじめに答えを求めたように試行錯誤して解いていきます。

ただ、この問題で京都大学が伝えたいメッセージはこれだと思うのです。

— 185 —

CHAPTER

3 快・解法編

> 「15段の階段とありますけれども、
> これをn段の階段としても
> 皆さんは解けますか?」

n段ってありますけれども、これはどんな数でも求められる、すなわち一般化できるやり方です。つまり、「階段が200段、300段になったときにも解ける方法ってあると思いますか?」と言いたいんだと思います。

> n段の階段の昇り方をa_n通りとして考えてみましょう。

まず$n = 1$。1段の階段を昇るときって、1通りですよね。

次は$n = 2$。2段だったら、一気に2段で行くか、1段 + 1段かの2通りですよね。

続いて$n = 3$。3段のときは、$1 + 1 + 1$、$1 + 2$、$2 + 1$の3通り。

> n段の階段の昇り方をa_n通りとする。
> $a_1 = 1$、$a_2 = 2$、$a_3 = 3$(実験的に)

「4段の場合は?」ってなるんですけれども、ここで一番大切なことを言いますね。

ポイント

最初をどうするかで場合分け

― 186 ―

18 中学生も京大入試が解ける裏技 —— 確率・場合の数

　n段あるとして、最初の1歩目をちょっと考えてみましょうか。

　最初が2で昇ったとすると、次は絶対に1でなくてはなりません。そのあとは、別に1段でも2段でもいいですよね。

　一方で最初が1だとすると、次は1か2かはどっちでもいい。

　つまり、最初が2のとき、もう2番目の段階では、2＋1で3段昇っているわけですね。ということは、そこからはあと$(n-3)$段の階段の昇り方を考えればいいわけです。

　一方、最初に1昇ったときは、その後は$(n-1)$段あるので、$(n-1)$段の昇り方を考えることになります。

　n段の階段の昇り方をa_n通りとしますよ、と。最初に2段昇ったときって、残った$(n-3)$段を昇るときと同じだから、a_{n-3}通りなんです。一方、最初が1段だった場合は、a_{n-1}通りですね。

〈最初の昇り方〉

・2段　→　1段　→　（残りは $n-3$ 段）：a_{n-3}通り

・1段　→　　　　　（残りは $n-1$ 段）：a_{n-1}通り

　n段昇るとき、最初の一手で場合分けしてみることが重要です。この場合分けから、a_n は、a_{n-1}とa_{n-3}の足し算になります。

$$a_n = a_{n-3} + a_{n-1}$$

という関係式が！

　これがわかれば、あとは代入するだけです。

　a_4 の場合は、$a_3 + a_1$ で4。

— 187 —

CHAPTER 3 快・解法編

階段の昇り方を a_n 通りとする。

$a_1 = 1$、$a_2 = 2$、$a_3 = 3$、$a_n = a_{n-1} + a_{n-3} (n \geq 4)$

あとは代入していくだけでOK！

$a_4 = a_3 + a_1 = 4$

$a_5 = 6$、 $a_6 = 9$。同じように代入していけば、その後も、こんな風になります。

$$a_4 = a_3 + a_1 = 4$$
$$a_5 = a_4 + a_2 = 6$$
$$a_6 = a_5 + a_3 = 9$$
$$\vdots$$
$$a_{15} = a_{14} + a_{12} = 277$$

つまり、求める答えである15段の階段の昇り方は <u>277通り</u> になるわけですね。

— 188 —

☑[ポイント]

「漸化式って何ですか？」みたいな人もいたと思うんですけれども、考え方自体は中学生だけでなく、小学生にもわかるのではないかと思います。

実はこの京都大学の2007年の大学入試とほぼ同じような問題が慶應義塾中等部の入試で出たんですよね。つまり、小学生が受けるような試験で同じような問題が出たんです。

これって、考え方としては数学ではなくて、算数としても解けるということでしょうか。

京都大学のメッセージというのは、やはり「複数の解法やアプローチで考えることで、数学の奥深さに気づくことができる」ということだと思います。

別解を日頃から考えるようにすると、いろんな視点が見えてきます。この漸化式を使うやり方は、確率とかでもよく出てきますから、知っておいて損はないと思います。

答え

> 1歩で 1段 または 2段 のいずれかで 階段を昇るとき
> (2段連続は 不可)。15段の 階段を昇る昇り方は何通りか

〈解法1〉

2段昇りを b回 とすると (bは 0以上の 整数)
1段昇り は $(15-2b)$回 となる

2段昇りを b回する 昇り方は

$$\wedge \overset{1}{} \wedge \overset{1}{} \wedge \overset{1}{} \wedge \cdots \wedge \overset{1}{} \wedge$$

$(15-2b)$個の 1を並べた後、$\wedge$に 2を b個入れる
場合の数に等しく、$\wedge$は $15-2b+1 = (16-2b)$個ある ので

$_{16-2b}C_b$ 通り

$16-2b \geq b$ かつ bは 0以上の 整数 より $0 \leq b \leq 5$

よって 求める場合の数は

$$\sum_{k=0}^{5} {}_{16-2b}C_b = {}_{16}C_0 + {}_{14}C_1 + {}_{12}C_2 + {}_{10}C_3 + {}_8C_4 + {}_6C_5$$
$$= 1 + 14 + 66 + 120 + 70 + 6$$
$$= \underline{277 \text{通り}}$$

〈解法2〉

n段の階段の昇り方を a_n 通りとする。

$a_1 = 1$, $a_2 = 2$, $a_3 = 3$ となる

$n \geq 4$ のとき

(ⅰ) 最初の昇り方が 1段のとき
(ⅱ) 〃   2段のとき で分けて考える。

(ⅰ)のとき 残り n−1段の昇り方は a_{n-1} 通り
(ⅱ)のとき 次の昇り方は 1段昇りとなるから
    残り n−3段の昇り方を考えて a_{n-3} 通り

以上より $a_n = a_{n-1} + a_{n-3}$ $(n \geq 4)$
     $a_1 = 1$, $a_2 = 2$, $a_3 = 3$ となる。

上式より

n	4	5	6	7	8	9	10	11	12	13	14
a_n	4	6	9	13	19	28	41	60	88	129	189

∴ $a_{15} = a_{14} + a_{12} = \underline{277}$ 通り

解説動画は
こちら！

問題
19

高1・文系も満点が
とれる良問——確率・場合の数

サイコロを n 個同時に投げるとき、
出た目の数の和が $n+3$ になる
確率を求めよ

　確率が苦手な人は多いんです。数学が得意な人も、確率は苦手だっ
たりします。そんな人にこそ挑戦していただきたい問題です。
　一見難しそうですが、ある核心をおさえるだけで、満点をとれる
問題なのです。

＼ヒント／

　n 個とあるので、まずは n に具体的な値を入れて確率を求めていき
ましょう。このアプローチの中で設定を理解して、答えの一部を推測
できるヒントを見つけられるかどうかが重要です。

－ 193 －

CHAPTER 3 快・解法編

✓ [ヒント1/5] 問題の見方

問題をパッと見て、「うわ、文字ばっかり(泣)」となりますよね。
そんな問題こそどうするか。私が初見ならまさにこうします！

設定理解に時間を使おう！

私自身、確率の問題を解くとき、いきなり解答を書き出すのではなくて、10分とか15分とか、「設定理解」に時間をかけて、答えが見えた瞬間にあとは答案を書くようにしています。
この設定理解のやり方を一緒に進めていきましょう。

いきなりこの問題を見たときに、パッと解法が思い浮かぶ人なんていません。まず必ずやるのはこれです。

いきなり解答を書かない。
 →　必ず実験しよう

必ず自分で手を動かしてみることが大切です。
さあ、一緒に手を動かしてみましょう。

✓ [ヒント2/5] 解法

サイコロを n 回投げて、出た目の数の和が $n+3$、そしてその確率を求める、と。どんな問題でも n が出てきたら、まず、1や2など具体的な数を当てはめてみます。

サイコロを1回投げた場合を考えます。

$n = 1$ だったら、求めたい目の数の和は $n + 3$ で4になります。

1回投げたら6面あるうちの4の目が出たってことですから、確率は $\frac{1}{6}$ ですよね。

次、$n = 2$ は、サイコロを2回投げて出た目の和が5です。

そうすると $(1, 4)(2, 3)$、あるいは $(4, 1)(3, 2)$。

この4通りしかないわけです。

つまり $\frac{4}{36}$ なので、$\frac{1}{9}$ になりますね

n	出た目の数の和	確率
1	4	$\frac{1}{6}$
2	5	$\frac{1}{9}$

n にどこまで代入して実験すればいいのかと言うと、答えを予測できるまでやります。

✓ [ヒント3/5] 解法

ポイント2

実験　→　答えを予測する

　　　→　初めて答案に移る

— 195 —

CHAPTER 3 快・解法編

設定理解、答えが見えるまで実験をくり返す。時間はかかりますが、ここをしっかりやれば確率は満点近くとれるはずです。私は「設定を正しく理解すること」こそが確率の本質だと思っています。

まだ何も見えていません。次行きましょう。

$n = 3$で実験します。

3回投げて出た目の和が6になる。

例えば1、1で始まった場合は$(1, 1, 4)$。

$(1, 2, 3)$のパターン。

あとは、$(2, 2, 2)$のパターン。もうこれだけですよね。

$(1, 1, 4)$っていうのは並びかえですよね。

1回目が1、2回目が1、3回目が4になるか、あるいは4が1回目や2回目に来る場合もありますよね。これは3通りです。

じゃあ次、$(1, 2, 3)$は、これも並びかえですよね。並びかえると3!通り、つまり6通りになると。

あと、$(2, 2, 2)$はもう、1通りしかないですよね。

$$
\begin{aligned}
(1, 1, 4) &\rightarrow & 3\text{通り} \\
(1, 2, 3) &\rightarrow & 3! = 6\text{通り} \\
(2, 2, 2) &\rightarrow & 1\text{通り}
\end{aligned}
$$

また、サイコロ3回投げた全事象は$6^3 = 216$。

つまりこれは、$\dfrac{10}{216}$となります。

$n = 4$にいきましょう。

出た目の数の和が7。これがどういうときでしょう。

— 196 —

4回投げるので、例えば、(1, 1, 1, 4)のパターン。
(1, 1, 2, 3)のパターン。
あとは、(1, 2, 2, 2)のパターン。
意外と、求める場合の数ってこれだけなんです。

$$(1, 1, 1, 4)$$
$$(1, 1, 2, 3)$$
$$(1, 2, 2, 2)$$

あれ？　何か見えてきません？
$n = 3$のときの並びの先頭に1がくっついただけなのかな？
そういう予想がはたらくわけです。ここから面白いですよ。

　例えば、$n = 5$で出た目の数の和が8のとき、もう勘付くと思うんですけども、$n = 4$の3パターンの先頭に1が入るだけなんですよね。

$$(1, 1, 1, 1, 4)$$
$$(1, 1, 1, 2, 3)$$
$$(1, 1, 2, 2, 2)$$

次、$n = 6$のときも$n = 5$の3パターンの先頭に1が入るだけ。

$$(1, 1, 1, 1, 1, 4)$$
$$(1, 1, 1, 1, 2, 3)$$
$$(1, 1, 1, 2, 2, 2)$$

CHAPTER 3 快・解法編

予想がある程度できたと思ったら答案に移りますが、その前に
やってほしいことがあります。ここ大事なところだと思います。

それは、**発見した事実を言葉に直すこと。**

その作業ができさえすれば、もうできたようなもの。

それまで含めて設定理解なんですよね。

そうしないと、何となく実験して、何となく見て、何となく答え
を書く。そうすると意外と途中で手が止まるんですよ。

✓[ヒント4/5] 解法

見えてきたものは何か、例えば$n = 6$のときを見てみましょう。

$$(I,\ I,\ I,\ I,\ I,\ 4)\ \cdots\cdots①$$
$$(I,\ I,\ I,\ I,\ 2,\ 3)\ \cdots\cdots②$$
$$(I,\ I,\ I,\ 2,\ 2,\ 2)\ \cdots\cdots③$$

①$(n-1)$個が全部1、残り1個が4のパターン。

②$(n-2)$個が全部1、残りが2、3のパターン。

③$(n-3)$個が全部1で、残りが2、2、2のパターン。

①$(1,\ 1,\ 1,\ 1,\ 1,\ 4)$を言葉に直すと「n個の中で、1つだけ4を
選ぶ」、つまり、$_nC_1$通りですよね。

例えば、n個の部屋があるとします。その中のどこの部屋に4が入
るのかを決めれば、あとは全部1に決まる。だから、n個の中から1
つ部屋を選ぶ、という意味です。

次の②$(1,\ 1,\ 1,\ 1,\ 2,\ 3)$。

− 198 −

n個部屋があって、そのうち2個をまず選ぶ。あとは、その2個に入るのが2か3のどっちか。

つまり、まずn個の部屋から2個を選ぶので${}_nC_2$。あとは2と3のどっちかが、どちらかの部屋に入るので「×2」。

さあ、③(1, 1, 1, 2, 2, 2)も同じです。

n個部屋があって、3つが2で残りが1。2が入る部屋を3つ選べばいい。つまり、${}_nC_3$通り。

まとめると次のようになります。

$$(1, 1, 1, 1, 1, 4) \rightarrow {}_nC_1 通り$$
$$(1, 1, 1, 1, 2, 3) \rightarrow {}_nC_2 \times 2 通り$$
$$(1, 1, 1, 2, 2, 2) \rightarrow {}_nC_3 通り$$

nが他の値のときもぜひ確かめてみてくださいね。

例えば$n = 4$を代入すると全く同じようになります。

ただ、一応注意をしておくと、${}_nC_3$っていうのは必ず$n \geqq 3$のときですよね。これが京都大学の出題者の狙いだと思います。東大や京大って、「答えがわかった人には満点をあげますよ」ではないんですよね。答えが合っていても大幅減点される。

ちゃんとこのnの範囲を考えられるか、なんですよね。

だから、ここで適当に実験をやる人って、ここが考えられていない場合があります。正しくnの範囲を考えることをぜひ意識してみてください。

今わかったことを含めて、答案に移りましょう。答案を書く中で、先ほどわかったことを書いていきます。

— 199 —

CHAPTER 3 快・解法編

✓ [ヒント5/5] 解法

$n \geq 3$ のときはさっきのようなやり方で考えます。

その前に、$n = 1$、$n = 2$ のときをまずは出してあげる。

そして最後に $n \geq 3$ のときを求めて、あとで $n = 1$ と $n = 2$ を代入する、というやり方になります。

まず $n = 1$ は、4が出るときなので確率は $\dfrac{1}{6}$。

$n = 2$ のときも同様に $\dfrac{1}{9}$ になると。

$$n = 1 \text{ のとき} \quad 4\text{が出るときなので} \quad \frac{1}{6}$$

$$n = 2 \text{ のとき} \quad 5\text{が出るときなので} \quad \frac{1}{9}$$

$n \geq 3$ のときは、先ほど通り、まず3つのパターンしかありませんよね。もう1回、一応言葉で書くとこうなりました。

$n \geq 3$ のとき

$(1, 1, \cdots, 1, 1, 4)$ $n-1$個が1、1個が4 $\rightarrow {}_nC_1$

$(1, 1, \cdots, 1, 2, 3)$ $n-2$個が1、2個が2、 3 $\rightarrow {}_nC_2 \times 2$

$(1, 1, \cdots, 2, 2, 2)$ $n-3$個が1、3個が2、 2、 2 $\rightarrow {}_nC_3$

求める確率は、n 回投げるわけなので、まず全事象は 6^n ですよね。

求める場合の数は、${}_nC_1 + {}_nC_2 \times 2 + {}_nC_3$ です。

あとはこれを計算するだけです。

$$\frac{{}_nC_1 + {}_nC_2 \times 2 + {}_nC_3}{6^n}$$

「この計算大変そう」って思うかもしれないですけど、意外とあっさり解けます。これの答えを言うと、こうなるわけです。

$$\frac{{}_nC_1 + {}_nC_2 \times 2 + {}_nC_3}{6^n}$$
$$= \left(\frac{1}{6}\right)^{n+1} n(n+1)(n+2)$$

ただ、さっきも言いましたが、これは $n \geq 3$ のときです。

ここから絶対に忘れてはいけないのが、「これが正解です。終わり！」じゃなくて、必ず $n = 1$ と $n = 2$ も代入して考えること。

じゃあ、今の答えに $n = 1$ を代入すると、$\frac{6}{36}$ になるんです。ってことは $\frac{1}{6}$ と同じですね。同じように $n = 2$ を代入すると、$\frac{1}{9}$ になる。必ず、$n = 1,\ 2$ のときも確認できましたよと書いてください。

$n = 1,\ 2$ のときも満たす。

これでフィニッシュです。

✓ [ポイント]

確率が苦手な人に多いのは、ポイント1や2のように自分の頭で考えることが多いからなんですよ。ただ、その設定理解に時間をちゃんと使う練習をすれば、確率はどんな問題でも高得点が取れるようになります。だから、他の問題に挑戦するときとかも、すぐ答えを見るのではなくて、自分の中でトライ＆エラーを重ねてみてください。それをくり返していけば、確率はかなり上達できます。

答え

> サイコロ を n個同時に 投げるとき
> 出た目の数の和が n+3 になる確率を求めよ。

(i) n=1 のとき 4が出ればよく. 確率は $\dfrac{1}{6}$

(ii) n=2 のとき

(1.4)(2.3)(3.2)(4.1) の 4通りとなるため

求める確率は $\dfrac{4}{36} = \dfrac{1}{9}$

(iii) n≧3 のとき. 以下の 3通り

(ア) (1.1.1.…, 1.4)

　1 が (n-1)個, 4 が 1個 のとき

(イ) (1.1.1.…, 1.2.3)

　1 が (n-2)個, 残りが 2,3 のとき

(ウ) (1.1.1.… 2.2.2)

　1 が (n-3)個, 残りが 2.2.2 のとき

場合の数は

(ア)のとき　$nC_1 = n$ 通り

(イ)のとき　$nC_2 \times 2 = n(n-1)$ 通り

(ウ)のとき　$nC_3 = \dfrac{1}{6}n(n-1)(n-2)$ 通り

求める確率は

$$\frac{n + n(n-1) + \frac{1}{6}n(n-1)(n-2)}{6^n}$$

$$= \frac{1}{6^n} \cdot \frac{1}{6}\{6n^2 + n(n-1)(n-2)\}$$

$$= \frac{1}{6^{n+1}}(6n^2 + n^3 - 3n^2 + 2n)$$

$$= \frac{1}{6^{n+1}} \cdot n(n^2 + 3n + 2)$$

$$= \frac{n(n+1)(n+2)}{6^{n+1}}$$

これは $n=1, 2$ のときも満たす。

以上より 求める確率は $\dfrac{n(n+1)(n+2)}{6^{n+1}}$

解説動画はこちら！

CHAPTER

4

鬼・難問 編

問題 20

別解が面白すぎる
高校入試問題

$$a^2 + b^2 + c^2 + d^2 = 7225$$

を満たす自然数の組

(a, b, c, d) を1組求めよ

（2023　昭和学院秀英高校・改）

　今回は本当にあった怖すぎる高校入試問題です。パッと見ると難しそうだと思うかもしれませんが、1組だけでいいんです。この問題はいろいろな別解があるのですが、その中で面白いなと思う考え方を4種類紹介します。

＼ヒント／

　7225をまずは素因数分解をしてみましょう。すると$5 \times 5 \times 17 \times 17 (=85^2)$であることがわかります。$d$の値をできるだけ大きな数を入れることによって、$a^2 + b^2 + c^2$の値が小さくなり範囲が絞れそうですね。まずは$d = 84$を入れてみると……？

CHAPTER 4 鬼・難問編

✓ [ヒント1/6] 解法1

　今回の問題のポイントは実験思考です。

　解く思考パターンはいろいろあります。「分割」とか、「予想」とか、「範囲を絞る」といったものです。まずはよくある解き方を解説しましょう。

　右辺の7225は85^2ですね。

　自然数の組を1組だけ求めればいいので、dが一番大きくなるパターン$d^2 = 84^2$を考えてみましょう。

$$a^2 + b^2 + c^2 + 84^2 = 85^2$$
$$a^2 + b^2 + c^2 = 85^2 - 84^2$$

　一見、大きい数で大変そうですが、因数分解でいきましょう。

$$85^2 - 84^2 = (85 + 84)(85 - 84)$$
$$= 169$$
$$= 13^2$$

　何をしてきたかというと、7225が大きすぎて1組に絞れないので、それに近い大きいものを$d^2 = 84^2$として決めることで、残りの$a^2 + b^2 + c^2$をかなり小さくするという考えです。

　169まで小さくした上で、次も同様に小さくしてみましょう。

　次は$c = 12$を代入してみます。

－ 206 －

$$a^2 + b^2 = 13^2 - 12^2$$
$$= (13 + 12)(13 - 12)$$
$$= 25$$
$$= 5^2$$

中学校の範囲で習う三平方の定理を思い出すと、$5^2 = 3^2 + 4^2$であることもわかる。

よって、$\underline{(a,\ b,\ c,\ d) = (3,\ 4,\ 12,\ 84)}$という解が出ました。

✓ [ヒント2/6]　解法2

では、1つめの別解にいきましょう。

まず、右辺の7225を$7200 + 25$に変形します。
7200はよくよく考えると$3600 + 3600$ですね。
さらに、$3600 = 60^2$で、25は$3^2 + 4^2$ですね。
つまり、こうなります。

$$7225 = 7200 + 25$$
$$= 60^2 + 60^2 + 3^2 + 4^2$$

そのため、こうすれば答えが出ます。

$$\underset{60^2\ +\ 60^2}{\underline{a^2 + b^2}} + \underset{3^2}{\underline{c^2}} + \underset{4^2}{\underline{d^2}} = 60^2 + 60^2 + 3^2 + 4^2$$

－ 207 －

CHAPTER 4　鬼・難問編

よって $(a, b, c, d) = (60, 60, 3, 4)$ と答えが出ました。7225を7200と25に分けることによって導き出された考えでした。

ただ、これは他の問題にも再現性が高いかというと、そうではないですね。でも、この分解に気がつくだけでもすごいことですから、ひとつの発見だったかなと思います。

ちゃんと数式的に解いたものもあります。それが次です。

☑ ［ヒント3/6］　解法3

まず7225を 85^2。さらに素因数分解します。

$$a^2 + b^2 + c^2 + d^2 = 85^2$$
$$= 5^2 \times 17^2$$

この $5^2 \times 17^2$ が大きすぎてやりづらいのでできるだけ小さくしたい。

17^2 をいったん隠して $a^2 + b^2 + c^2 + d^2 = 25$ になるような a、b、c、d を考えたらどうでしょう。

もちろん a、b、c、d の組があるかどうかはさておき、まず 5^2 で考える。そして最後に 17^2 倍すればいいじゃないか、というわけです。なので、いったんこれを考えます。

$$a'^2 + b'^2 + c'^2 + d'^2 = 25$$

考え方としては、例えば最初の解法と同様に、25を超えない大きな平方数を考えます。$d'^2 = 4^2$ とおきます。

－ 208 －

$$a'^2 + b'^2 + c'^2 = 9$$

よく考えると $a'^2 + b'^2 + c'^2$ に「$a'=1$、$b'=2$、$c'=2$」に代入することで、$1+4+4$ で 9 がつくれますね。つまり、$1^2 + 2^2 + 2^2 + 4^2$ という 4 つの平方数の和で 25 がつくれたわけです。

求めたいのはこれに 17^2 を掛け算したもの。それぞれに 17^2 を掛け算すればいいのではないか、という発想でいけます。

ということで $a^2 = 17^2$、$b^2 = 34^2$、$c^2 = 34^2$、$d^2 = 68^2$ になるので $\underline{(a, b, c, d) = (17, 34, 34, 68)}$ が 1 つの答えになりました。

これ不定方程式を考えるときに似ていませんか？

ちょっと深掘っていきましょう。

✓[ヒント4/6] 例題

次の問題をどう考えますか？

$$7x - 8y = 1 を満たす$$
$$整数の組\ (x, y)\ を答えよ$$

解き方としては、

①まずこの式が成り立つ (x, y) を 1 つ求める

②具体的な (x, y) を代入した式と元の式を見比べて差を取る

こうすることで、(x, y) を求めることができます。①と②はどういう解法かというと例えば次のようにします。

— 209 —

CHAPTER 4 鬼・難問編

$$7 \times 7 - 8 \times 6 = 1 \qquad \cdots\cdots①$$
$$7x - 8y = 1 \qquad \cdots\cdots②$$
②−①とすると
$$7(x-7) - 8(y-6) = 0$$
$$7(x-7) = 8(y-6)$$
7と8は互いに素なので $x-7$ は8の倍数
$$x = 8m + 7$$
$$y = 7m + 6（m は整数）$$

今回は①について考えてみましょう。

$8y$ が偶数のため、$7x$ は奇数になります。

$x = 1$、3、5……（奇数）を代入して、x や y が整数となるものを見つけます。そうすると1つ、$(x, y) = (7, 6)$ が成り立つことがわかります。次の式の場合はどうでしょう？

$$7x - 8y = 3$$

右辺が3になったとき、実は $7x - 8y = 1$ のときの1つの解 $(x, y) = (7, 6)$ を求めておけば、$7x - 8y = 3$ を考えるときも、(x, y) を3倍することで、この1つの解が $(x, y) = (7 \times 3, 6 \times 3)$ になることがわかります。この考え方がわかれば、本題も同じ発想で解けます。大きな数で考えると大変だから「25」で考えたわけですが、逆の別解を思いつきますか？

✅ [ヒント5/6] 解法4

次は、25ではなく 17^2 で考えるのもありじゃないですか？
$17^2 = 289$ で考えるとこうなりました。

− 210 −

$$a^2 + b^2 + c^2 + d^2 = 5^2 \times 17^2$$
$$a'^2 + b'^2 + c'^2 + d'^2 = 17^2 = 289$$

　25と比べると数字が大きいので、「ムッ」ってなるかもしれませんが、どうしたらよいでしょうか？

　例えば$d' = 16$とかにしてもいいのですが、私だったら三平方の定理で考えると思います。

$$a'^2 + b'^2 = c'^2$$

　少し応用的な話ですが、もしa'、b'、c'が互いに素だったら、これのどれか1つは絶対3の倍数だし、どれか1つは4の倍数、もっと言うとどれか1つは5の倍数になることは知っておいて損はないです。
　ということは、残りの辺が16とかで試してもいいのですが、15だったらどうなるでしょう？

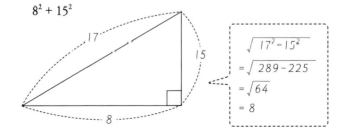

CHAPTER 4 鬼・難問編

15だったらもう1つの辺は計算すると8になります。

「自然数になった、ああよかったよかった」となる。

17^2 を見たときに、$8^2 + 15^2$ がつくれると。

ただ、残念ながら今のは $a'^2 + b'^2 + c'^2 + d'^2 = 17^2$ ではないですね。4つじゃなくて2つになるんだけれども、今これがわかったと。

$$17^2 = 8^2 + 15^2$$

ただここで手が止まっちゃう人も多いと思います。5^2 だったら当てずっぽうでもパッといけるのですが、17^2 はやはり難しい。

それでしたら、$17^2 = 8^2 + 15^2$ を $a^2 + b^2 + c^2 + d^2 = 5^2 \times 17^2$ に代入するときに、5^2 がこうなることを使えませんか?

$$5^2 = 3^2 + 4^2$$

5^2 と 17^2 のそれぞれが $\bullet^2 + \blacktriangle^2$ の形にできるとしたら、$5^2 \times 17^2$ はこうなりますよね。

$$(3^2 + 4^2)(8^2 + 15^2)$$
$$= 24^2 + 45^2 + 32^2 + 60^2$$

よって $\underline{(a, b, c, d) = (24, 45, 32, 60)}$ という解が出ました。

最初の解法と同様に 17^2 で考えましたが、ちょっと違うのは、これを2つの2乗の足し算にしたところです。

それを $5^2 \times 17^2$ に代入したら $(3^2 + 4^2)(8^2 + 15^2)$ になって、あとはただ展開したわけです。

― 212 ―

20 別解が面白すぎる高校入試問題

✓[ヒント6/6] 解法5

　ラストの別解は、17^2 を4つに分解できないかを考えます。

　先ほどは、17^2 を考えましたが、そもそも 17 について考えればいいのではないかという発想。

　17 を $●^2 + ▲^2$ と書くんだったら、これでいけませんか？

$$17 = 4^2 + 1^2$$

　25 より小さい部品で2乗の和をつくりました、と。

　これを 17^2 にしてみてください。面白いですよ。

　展開すると、こうなりますよね。

$$17^2 = (4^2 + 1^2)^2$$
$$= 4^4 + 2 \cdot 4^2 + 1^2$$

　「あれ？　$2 \cdot 4^2$ が平方数じゃないじゃん！」と思ったかもしれません。でも、目標は 17^2 を4つに分解すること。数字が被ってもいいんですよね。

　そう考えると、$4^4 = 16^2$。

　$2 \cdot 4^2$ を分けると、$4^4 + 4^2$ になると。

$$17^2 = (4^2 + 1^2)^2$$
$$= 4^4 + 2 \cdot 4^2 + 1^2$$
$$= 16^2 + 4^2 + 4^2 + 1^2$$

— 213 —

CHAPTER 4　鬼・難問編

今回はそもそも17を分解すると平方数の和になりました。その2乗を考えたらバラすことができたんですね。バラした上で、今回は$5^2 \times 17^2$ですから、それぞれ5^2を掛けることでこうなります。

$$80^2 + 20^2 + 20^2 + 5^2$$

よって$(a,\ b,\ c,\ d) = (80,\ 20,\ 20,\ 5)$という解が出ました。

後づけになりますが、解法2に出てきた7200を3600 + 3600ではなくて、次のようにしたともいえるわけですね。

$$6400 + 400 + 400$$

✅ [ポイント]

いかがだったでしょうか?

いろんな考え方がありましたが、例えば不定方程式の解き方のように考えて数字をちょっと小さくする。数字を小さくして4つを求めるパターンもあれば、2つずつに分けて出してあげるパターンもある。あとは、17^2ではなくて17という最小単位で出して考えた。

これら解法4つがわかったら、次は他の解法のやり方のようなこともできます。

例えば$5 = 1^2 + 2^2$で、それを2乗した$a'^2 + b'^2 + c'^2 + d'^2 = 25$のところで使えたりしますね。

— 214 —

答え

$$a^2 + b^2 + c^2 + d^2 = 7225 \text{ を満たす}$$
$$\text{自然数の組 } (a, b, c, d) \text{ を1組求めよ}$$

〈解法1〉

$7225 = 85^2$

$d = 84$ を代入すると

$a^2 + b^2 + c^2 + 84^2 = 85^2$

$$\begin{aligned} a^2 + b^2 + c^2 &= 85^2 - 84^2 \\ &= (85 + 84)(85 - 84) \\ &= 169 \\ &= 13^2 \end{aligned}$$

$c = 12$ を代入すると

$a^2 + b^2 = 13^2 - 12^2 = 25 = 5^2$

$a = 3$, $b = 4$ は上記を満たすので求める組の1つは

$\underline{(a, b, c, d) = (3, 4, 12, 84)}$

〈解法2〉

$$\begin{aligned} 7225 &= 7200 + 25 \\ &= 3600 + 3600 + 25 \\ &= 60^2 + 60^2 + 3^2 + 4^2 \end{aligned}$$

よって求める組の1つは

$\underline{(a, b, c, d) = (3, 4, 60, 60)}$

＜解法３＞

$$a^2 + b^2 + c^2 + d^2 = 85^2$$
$$= 5^2 \times 17^2 \quad \cdots ①$$

ここで

$$a^2 + b^2 + c^2 + d^2 = 5^2 \quad \cdots ②$$

自然数の組 (a', b', c', d') を１つ求める.

$d' = 4$ を代入すると
$$a'^2 + b'^2 + c'^2 = 9$$

$a' = 1, \ b' = 2, \ c' = 2, \ d' = 4$ は ② を満たす.

② の両辺に 17^2 を掛けると
$$(17a')^2 + (17b')^2 + (17c')^2 + (17d')^2 = 5^2 \cdot 17^2$$

① より $a = 17a', \ b = 17b', \ c = 17c', \ d = 17c'$

となるので 求める組の１つは

$$\underline{(a, b, c, d) = (17, 34, 34, 68)}$$

＜解法４＞

$17^2 = 8^2 + 15^2, \quad 5^2 = 3^2 + 4^2$ より

$$7225 = 5^2 \cdot 17^2 = (3^2 + 4^2)(8^2 + 15^2)$$
$$= 24^2 + 45^2 + 32^2 + 60^2$$

求める組の１つは
$$(a, b, c, d) = (24, 45, 32, 60)$$

＜解法５＞

$17 = 4^2 + 1^2$ より $\quad 17^2 = (4^2 + 1^2)^2$
$$= 16^2 + 4^2 + 4^2 + 1^2$$

よって $7225 = 17^2 \cdot 5^2 = 5^2(16^2 + 4^2 + 4^2 + 1^2)$
$$= 80^2 + 20^2 + 20^2 + 5^2$$

求める組の１つは
$$(a, b, c, d) = (80, 20, 20, 5)$$

解説動画は
こちら！

問題

21

パッと見て
諦めたくなる問題

$$\left(\sqrt{2}\right)^{\sqrt{2}}\text{の小数第一位を求めよ}$$

($\sqrt{2}$＝1.41としてもよい)

正答率5%の感動する1問。解説では特に2つを意識しています。1つめは初見のときの考え方。参考書や問題集の解説はすごくキレイな解答が載っていますよね。初見でどうやって考えるのか、そのフローをまとめてみます。2つめが、中学生でも解けるということ。解き方がわかったらぜひ誰かに出題してみてほしいと思います。

＼ヒント／

$\sqrt{2}$＝1.41ということと、$\sqrt{2}$＝$2^{\frac{1}{2}}$と捉えることがわかれば中学生でも考え方自体は理解できるはずです。また小数第一位を求めるためには、ある程度数値を予想することが大事です。そのときに必要になるのが「不等式で評価」してみることです。

－ 217 －

CHAPTER 4 鬼・難問編

✓［ヒント 1/4］　問題の見方

「どう工夫して解くか」の前に「どう考えるか」です。

問題に「$\sqrt{2} = 1.41$ としてよい」とありますから、これを不等式で評価するわけです。（ただ、これが沼にハマってしまう原因なのですが……）

$$(1.41)^{1.41}$$

これを計算しようと思っても、1.41 乗って無理ですよね。

今回の「小数第一位を求めよ」は、0 ～ 9 のどれかですよね。

ということは、答えだけであれば正答率は高いはずです。ただ、論述も含めて完答できたのは 5% みたいなんです。

小数第 1 位と、そもそもの整数部分が何なのかを知りたい。つまり、「1.●」か、「2.●」かを示したいわけです。

そのとき $(1.41)^{1.41}$ について言えるのは何でしょうか。

$(1.41)^{1.41}$ を不等式で評価して考えていきましょう。

$(1.41)^{1.41}$ は $(1.41)^2$ よりも小さい。すると、こうなります。

$$(1.41)^{1.41} < (1.41)^2 = 1.9881$$

整数部分は 1

1.9881 より小さいことから、整数部分は 1 とわかりました。

で、これが 1.5 なのか 1.6 なのか 1.7 なのか、小数第一位を考えていきましょう、と。

－ 218 －

21 パッと見て諦めたくなる問題

　今回は条件から範囲を絞っていきましたけれども、大事なのは〈考え方のポイント〉です。

<考え方のポイント>
①桁数や小数→<u>不等式評価</u>
②実験をして範囲を予想
③困難を分割せよ

　不等式評価は工夫しがいがあるんです。今回はこれをしっかりやっていきます。
　①「不等式評価」がある程度できれば②「実験をして範囲を予想」をしていきます。最後にある程度予想がついたら不等式を示していくのですが、私がいつも言うように③「困難は分割せよ」、実はそれが大切になります。

✅ [ヒント 2/4]　解法

　では、不等式評価でもっと実験していきましょう。
　$(1.41)^{1.41}$ は、1.5 か、1.6……かもしれない。この辺はわからない。あるいは次のようにして絞っていけないだろうかと考えます。

$$1.5 < (1.41)^{1.41} < ■$$
$$1.6 < (1.41)^{1.41} < ■$$

　しかし、そもそも $\sqrt{2} = 1.41$ として確かめるのが間違いかもしれない……と、気づくことも大事です。
　1.9881 未満を示すときは $\sqrt{2}$ を 1.41 に考えてよかったんですけれ

－ 219 －

CHAPTER 4 鬼・難問編

ども、いったん元に戻します。

初見では止まってしまうところですが、ここで次にいきましょう。

✅ [ヒント3/4] 解法

$(\sqrt{2})^{\sqrt{2}}$ の中身を考えましょう。

$\sqrt{2}$ っていうのは、$2^{\frac{1}{2}}$ に直すことができますよね。

ここに指数法則を使って表し、それを A とおきましょうか。

$$(\sqrt{2})^{\sqrt{2}} = \left(2^{\frac{1}{2}}\right)^{\sqrt{2}}$$
$$= 2^{\frac{\sqrt{2}}{2}}$$
$$= A$$

すると、$\frac{\sqrt{2}}{2}$ 乗だったらわかりそうにないのですが、A^2 と考える。これだったら不等式評価できそうじゃないですか？

さっきは $(1.41)^{1.41}$ だったのですが、2乗するとこうなりました。

$$A^2 = 2^{\sqrt{2}} = 2^{1.41}$$

つまり、$2^{1.41}$ なわけです。

この A^2 についてまずわかるのはこちら。

$$2^{1.4} < A^2 < 2^{1.5}$$

こうやってまずは実験しながら、不等式評価をさらに行います。ただ、これが答えに結びつくかわからないですが、引き続き試行錯

− 220 −

誤してみましょうか。

$2^{1.4}$ って難しそうに見えますけれども、$2^{1.5}$ は $2^{\frac{3}{2}}$ ですよね。

$2^{\frac{1}{2}} = \sqrt{2}$ ですから、これは $(\sqrt{2})^3$、つまり $2\sqrt{2}$ になるんです。

$$2^{1.4} < A^2 < 2^{1.5} = 2^{\frac{3}{2}}$$
$$= (\sqrt{2})^3$$
$$= 2\sqrt{2}$$
$$= 2.82$$

A^2 が 2.82 よりは小さいとわかりました。A は 1.5 ？　1.6 ？ 1.7 ？　と予想できますので、それぞれの累乗を考えましょう。

$$(1.5)^2 = 2.25$$
$$(1.6)^2 = 2.56$$
$$(1.7)^2 = 2.89$$

ということは、$2.82 < (1.7)^2$ ですよね。

つまり、$A^2 < 2.82$ と合わせて考えると、$A^2 < (1.7)^2$ ということがわかったんです。ここから $A < 1.7$ がわかりました。

$$A < 1.7$$

ということはおそらく、こうではないかと予想します。

$$1.6 < A < 1.7$$

CHAPTER 4 鬼・難問編

1.6と1.7の間であれば、Aは1.63とか1.65とかです。
よって答えは小数第一位は6になりますと。

こうやって困難を分割して答えが予想できました。
あとはこの予想を正しく証明していきましょう。

☑ [ヒント4/4] 解法

ここまでどうやったか振り返ってみましょう。
いきなり$2^{1.4}$を考えるのは難しい。けれども、$2^{1.5}$という計算しやすいものを見つけたら、A＜1.7がわかりました。

私たちが目指すゴールは1.6＜Aです。
もっと言うと、先ほど記載した中にヒントがあります。
それはA^2です。わかっている不等式はこちらですね。

$$2^{1.4} < A^2$$

1.6＜Aを示したいのであれば，$(1.6)^2 < 2^{1.4}$を示すことに注力しましょう。
$2^{1.4}$について考えましょう。
$2^{1.4} = 2^{\frac{7}{5}}$ですが、この後はよくわからない。

ただ、$(1.6)^2$と$2^{\frac{7}{5}}$を比較したいときに、それぞれ5乗をしたら考えられそうではないですか？

- 222 -

$$(1.6)^2 < 2^{1.4}$$
$$\Leftrightarrow (1.6)^2 < 2^{\frac{7}{5}}$$
$$\Leftrightarrow (1.6)^{10} < 2^7$$

逆算して考えましょう。

$2^7 = 128$ です。では、$(1.6)^{10}$ はどうですか？

10乗はきついかもしれませんが、$(1.6)^2 = 2.56$ なので、$(1.6)^{10}$ は、$(2.56)^5$ におきかえられます。

ですが、$(2.56)^5$ も難しい。あと一歩なんです。

何か工夫したいのですが、どうしましょうか？

整理すると、$(2.56)^5 < 128$ を示せられればいい。

ということは、何かもう1つ、$(2.56)^5$ より大きそうなものを用意すればいいですよね。

$$(2.56)^5 < \underline{\quad\quad\quad} < 128$$

このとき、$\underline{\quad\quad}$ を例えば $(2.6)^5$ にするのもありです。

……ですが、$(2.6)^5$ もちょっとよくわからない。

いったん $(2.56)^2$ を計算してみましょう。実験です。

すると、6.5536。ざっくり言うと $(2.56)^2$ は7よりは小さい。

これ使えそうじゃないですか？

これを使えば例えば $(2.56)^4$ は 7^2、つまり49より小さい。

そしたら、もう1回、2.56を掛けましょう。

すると $(2.56)^5 < 49 \times 2.56$。もうちょっと簡単な数にしたい。

— 223 —

CHAPTER 4 鬼・難問編

$$(2.56)^2 < 7$$
$$\Leftrightarrow (2.56)^4 < 7^2 = 49$$
$$\Leftrightarrow (2.56)^5 < 49 \times 2.56$$

　そう思ったら、50×2.56 にしましょう。すると、なんとこれが見事に128になるんです。キレイですね！

$$(2.56)^5 < 50 \times 2.56 = 128$$

　私たちは $(2.56)^5 < 128$ を示したかったのですが、$(2.56)^2 < 7$ を用いたり、$49 < 50$ を用いたりして、$(2.56)^5 < 128$ が示せました。
　ということで、あとは逆算です。
　$(2.56)^5 < 128$ が示せたということは $(1.6)^{10} < 2^7$ も示せた。
　$(1.6)^{10} < 2^7$ が示せたら、$(1.6)^2 < 2^{\frac{7}{5}}$ も示せる。
　つまり、$(1.6)^2 < 2^{1.4}$ なので、あとはこうですね。

$$1.6^2 < 2^{1.4} < A^2 \text{ なので}$$
$$(1.6)^2 < A^2 < (1.7)^2 \text{ がわかりました}$$

最後に2乗を除きますね。

$$1.6 < A < 1.7$$

　Aは1.6と1.7の間なので、小数第一位は <u>6</u> ということがわかりました。

☑ [ポイント]

　実際これ、答えだけだったら解答できる人が多かったかもしれません。

　1.7、1.6っぽいかなと、推測はできますけれども、実際それを示すときはゲーム感覚に近いところがありました。複数のミッションを解いていくような感覚こそが、この問題が面白いと思える1番のポイントだと思います。

答え

$(\sqrt{2})^{\sqrt{2}}$ の小数第一位を求めよ。
($\sqrt{2} = 1.41$ として よい)

$(\sqrt{2})^{\sqrt{2}} = (2^{\frac{1}{2}})^{\sqrt{2}}$
$= 2^{\frac{\sqrt{2}}{2}}$
$= A$ とおく。

$A^2 = 2^{\sqrt{2}}$ を不等式で評価して A の小数第一位を求める。

$2^{1.4} < A^2 < 2^{1.5}$

$2^{1.5} = 2^{\frac{3}{2}} = 2\sqrt{2} = 2.82$ となるので

$2^{1.4} < A^2 < 2.82$ …①

$(1.6)^2 = 2.56$, $(1.7)^2 = 2.89$ より $A < 1.7$

($1.6 < A < 1.7$ であると推測し いぬを示す)

$(1.6)^2 < 2^{1.4}$ を示す

$(1.6)^2 < 2^{1.4}$
$\Leftrightarrow (1.6)^2 < 2^{\frac{7}{5}}$ (☆)
$\Leftrightarrow (1.6)^{10} < 2^7$
$\Leftrightarrow (2.56)^5 < 128$ を示せばよい。

ここで $(2.56)^2 = 6.5536 < 7$ より
$(2.56)^2 < 7$
$\Leftrightarrow (2.56)^4 < 7^2$
$\Leftrightarrow (2.56)^5 < 7^2 \times 2.56$

また $7^2 \times 2.56 < 50 \times 2.56 = 128$

よって $(2.56)^5 < 128$ が示された。

そして (☆) の変形により $(1.6)^2 < 2^{1.4}$ が示された

① より $(1.6)^2 < A^2 < (1.7)^2$

∴ $1.6 < A < 1.7$ よって 小数第一位は $\underline{6}$

解説動画は
こちら！

問題
22

整数問題の最高傑作

$$a^2 + b^2 + c^2 = 292 \text{ を満たすとき、}$$
$$\text{自然数の組} (a, b, c) \text{を求めよ}$$

今回は史上最高傑作の整数問題。オリジナル問題を解きたいと思います。整数問題は99.9%、センスや閃きではなくて、難しい問題でも体系化すれば「あ、パターンで解ける」ようにできるんです。今回は、その整数問題の極意をギューッと凝縮した問題。数学が得意な人もそうでない人も最後まで読んでほしいです。

\ ヒント /

292をまずは素因数分解をしてみましょう。4の倍数であることがわかりますね。続いて〈整数問題の三大解法〉の中でも「倍数や余りに注目する」武器を用いて、4で割った余りを考えてみましょう。落とし穴もありますので、しっかりと解いてみてくださいね。

CHAPTER
4 鬼・難問編

☑ [ヒント1/5] 問題の見方

　問題を見てまず何をしますか？　つまり初手をどう考えるか。

　整数問題は必ず手を動かしましょう。「実験」する、まさにこれは第1原則のようなものです。

　まず考えるのは「最初に因数分解できますか？」「範囲を絞れますか？」。まさにこれです。

＜整数問題の三大解法＞
①足し算を積の形にする　（因数分解）
②条件から範囲を絞る
③倍数や余りに注目する

　しかし、$a^2 + b^2 + c^2 = 292$ って因数分解できないですよね。因数分解できるんだったら、初手はすごくわかりやすいけど、今回の問題は最初からなかなかわからない。

　だから、最初の考え方にちょっと時間をかけます。

　問題に「自然数」とあります。他にも範囲を絞れないかを考えましょう。

　例えば、$17^2 = 289$、$18^2 = 324$ なのでこういうことがわかります。

$$17^2 = 289$$
$$1 \le a \le 17,\ 1 \le b \le 17,\ 1 \le c \le 17$$

　a、b、c は、1から17まであるので、a、b、cの組み合わせは $17 \times 17 \times 17 = 17^3$ 通り。これを手計算って大変ですよね。もっと

－ 228 －

範囲を絞りたいけど、これだけしかわからないんです。

そこでやっと〈整数問題の三大解法〉の③「**倍数や余りに注目する**」が現れるんですよね。

①や②で解く問題は、初手はわかりやすいから解けるんですよ。

そこで、今回の主人公である③。これでなければ解けないと言っても過言ではありません。

もうちょっと深掘りしてみます。今回は「平方数がカギ」という考え方を使います。

平方数ってナントカの2乗ですよね。ナントカの2乗を含む足し算、引き算を見たら、「余り」に注目してほしいんです。

例えば、x^2 を4で割った余りを考えたいと思います。

☑ [ヒント2/5] 例題

全ての整数 x を4で割った余り0、1、2、3の表をつくって x^2 を4で割った余りを考えると次のようになります。

x	0	1	2	3
x^2	0	1^2	2^2	3^2
$x^2 (mod\ 4)$	0	1	0	1

「0、1、0、1」になるわけですね。

この結果は重要なので覚えておきたいです。

実は今回はこの結果をよく使います。

CHAPTER 4 鬼・難問編

☑ [ヒント3/5]　改めて本題

では、実験しましょう。

今回、必ず平方数を4で割った余りに注目するんでしたよね。

今回は292を素因数分解すると$2 \times 2 \times 73$ですね。

ここから手が止まってしまうのですが、さっきの通り、平方数を見たら必ず4で割った余りを考えます。

まずは292を4で割ったら余りは0ですよね。

先ほどのように、x^2は4で割った余りが0か1。ということは、a^2を4で割った余りだけ書くと0か1じゃないですか。同じように考えると、b^2、c^2も0か1ですよね。

まとめます。

a^2	b^2	c^2	292	=	$2 \times 2 \times 73$
0	0	0	0		
1	1	1			

よくよく考えてほしいんですけど、a^2とb^2とc^2の足し算ってことは余りも足し算されますよね。

わかりやすい例で言うと、$5 + 10 + 8$は23ですよね。これって4で割った余りを考えると、5は4で割ったら余りは1、10は余り2、8は余り0。23は余り3なんですよ。

$$5 + 10 + 8 = 23$$
$$(÷4の余り)\ 1 + 2 + 0 = 3$$

－ 230 －

つまり、余りだけ見てもこの足し算は成り立ちますよね。

a^2、b^2、c^2、292 でも同じです。

そのため、a^2、b^2、c^2 の余りを足したものと 292 の余りは同じ。右辺の 292 は余りが 0 ということはどうなるでしょう。

実は 1 択なんです。

292 の余りが 0 であることに注目すると、a^2、b^2、c^2 のうち……、

1 つが 1 で他が 0 だと、292 の余りが 1 になるのでダメ。

2 つが 1 だと、292 の余りが 2 になるのでダメ。

3 つとも 1 だと、292 の余りが 3 になるのでダメ。

ということは、逆に言うと、a^2 も b^2 も c^2 も 4 で割った余りが 0 っていうパターンしかないんです。ではこれ、何を意味していましたか？

4 で割ったときの余りが 0 ということなので、ここまでで考えられるのは、a、b、c が偶数であるということ。

初手としては 4 で割った余りを考えたら a、b、c が偶数だということがわかった。なので、このようにおけますよね。

$$a = 2a',\ b = 2b',\ c = 2c'\ とおける$$
$$(a',\ b',\ c'は自然数)$$

これを $a^2 + b^2 + c^2 = 292$ に代入すると、こうなります。

$$4a'^2 + 4b'^2 + 4c'^2 = 292$$

CHAPTER 4 鬼・難問編

4で割るとこうなります。

$$a'^2 + b'^2 + c'^2 = 73$$

前進しましたが、まだ難しそう。

$8^2 = 64$ で $9^2 = 81$ だから、a'、b'、c' は8までの自然数というのはわかったけど、もう少し考えたいですね。

✅ [ヒント4/5] 解法

もう1回、同じように4で割った余りを考えてみましょうか。

まず73は4で割ると1余るんですよね。

a'^2	b'^2	c'^2	73
0	0	0	1
1	1	1	

例えば a'^2 が4で割って1余る場合は b'^2 と c'^2 は0しかありません。

「a'^2 だけは4で割った余りが1とする。b'^2、c'^2 は0とする」と書きたいのですが、どうしたらいいでしょう。

さっき偶数か奇数かという話をしましたよね。

それとまた同じ考えをします。

「a'^2 は4で割った余りが1とする」とかではなくて、今回は「a' が奇数」という考え方をします。

— 232 —

$a' = 1$ のとき $b'^2 + c'^2$ は、73から $a'^2 (= 1)$ を引けばいいので72。
$a' = 3$ のときは、9を引けばいいので64。
$a' = 5$ のときは、25を引けばいいので48。
$a' = 7$ のときは、49を引けばいいので24。

$$a' = 1,\ 3,\ 5,\ 7$$
$$b'^2 + c'^2 = 72,\ 64,\ 48,\ 24$$

以降も計算して求めてもいいのですが、効率よくしたいですね。

72、64、48、24って全部4の倍数なんですよ。
そう考えると b'、c' は偶数。
ということは b'、c' は2、4、6、8しかないわけですよね。

$b'^2 + c'^2 = 72$ のとき、$b' = 2m$、$c' = 2n$ とおくと、同じように考えてこうなるんですよね。($m,\ n$：自然数)

$$m^2 + n^2 = 18$$

あとはそれぞれ計算すると m と n が決まります。m、n は1から4までですよね。

$m = 1$ のとき、$n^2 = 17$ だから違う。
$m = 2$ のとき、$n^2 = 14$ だから違う。
$m = 3$ のとき、$n^2 = 9$ でいけそうですね！
$m = 4$ のとき、$n^2 = 2$ だから違う。

ということは、$(m,\ n) = (3,\ 3)$ だとわかるわけです。

— 233 —

CHAPTER 4 鬼・難問編

これは b'、c'にすると $(b', c') = (6, 6)$になるんですよ。

だから、$a' = 1$、$b' = 6$、$c' = 6$がひとつ見つかったと。

あとは、総当たりでもOKです。

同じようにして、手を動かして進めてみてほしいのですが、残りの $b'^2 + c'^2 = 64$, 48, 24からは答えが出ません。

答えとしては

$$(a', b', c') = (1, 6, 6)$$

これで正解か、……というと実はここでまた落とし穴です。

☑ [ヒント 5/5] 解法

$(1, 6, 6) = (a', b', c')$ で (a, b, c) ではありませんでした。

$(a, b, c) = (2a', 2b', 2c')$ なので、答えはちゃんと2倍しなくてはなりません。

$$(a, b, c) = (2a', 2b', 2c')$$
$$= (2, 12, 12)$$

さらに、確かに $a^2 + b^2 + c^2$ に入れてみると $4 + 144 + 144 = 292$ で成り立つんです。「えっ？ これでおしまい？」ってなりますよね。

ですが、ポイントは対称性。

途中で「a' を奇数」とおいていますよね。

ということは、b' も c' も同じように考えると、$b' = 1$ のときもあれ

― 234 ―

ば、$c' = 1$のときもある。$b = 2b'$より$b = 2$、$c = 2c'$より$c = 2$となります。だから次の3つが正解になります。

$$(a,\ b,\ c) = (2,\ 12,\ 12)\ (12,\ 2,\ 12)\ (12,\ 12,\ 2)$$

✓ [ポイント]

平方数に注目すれば、意外とさっくり解けますよね。けど最初を思い出してほしいんですよ。これ見たとき、「うわ、なんじゃこりゃ」「ちょっとこれ解きたくない」と思ったはず。

「こんな問題見たことない」って思った人もいるかもしれない。それもそのはず、この問題はオリジナルです。ですが、a、b、cの3つの文字があったとしても、同じような考え方で解けるんですよね。

覚えておいてほしいのは、整数問題は平方数を見たら、右辺の数字を見て、余りを考えるってことですよね。

292を4で割ったら余りが0だった。

ということはa、b、cは偶数。もしも292が3の倍数だったら、3で割った余りを考えるんですよね。そういう感じで応用できるようにしてほしいなと思います。

答え

$a^2 + b^2 + c^2 = 292$ を満たすとき
自然数の組 (a, b, c) をすべて求めよ

$292 = 4 \times 73$ より 4の倍数

一般に 平方数 n^2 を 4で割った余りは 0 か 1

n	0	1	2	3
n^2	0	1	4	9
mod 4	0	1	0	1

ここで $a^2 + b^2 + c^2 \equiv 0 \pmod 4$ を満たすには

$a^2 \equiv 0 \pmod 4$ かつ
$b^2 \equiv 0 \; (\; \text{〃} \;)$ かつ
$c^2 \equiv 0 \; (\; \text{〃} \;)$ となるため

a, b, c は 偶数

∴ $a = 2a'$, $b = 2b'$, $c = 2c'$ とおける ──①
　　$(a', b', c'$ は 自然数$)$

①式に代入すると
$$a'^2 + b'^2 + c'^2 = 73$$

mod4 で考えると
$$a^2+b^2+c^2 \equiv 1 \pmod{4}$$ より

a,b,c のうち 2つは偶数、1つは奇数とわかる。

対称性より、a が奇数、b,c が偶数として考える

$a^2 \leq 73$ より $a = 1, 3, 5, 7$

a^2	1	3	5	7
b^2+c^2	72	64	48	24

$b = 2m, c = 2n$ とおくと （m, n: 自然数）

$m^2 + n^2 = 18, 16, 12, 6$

これらを満たすのは $(m, n) = (3, 3)$ のみ

よって $(a, b, c) = (1, 6, 6)$

b, c も奇数のときを考えて

$(a, b, c) = (1, 6, 6), (6, 1, 6), (6, 6, 1)$

∴ $(a, b, c) = (2, 12, 12), (12, 2, 12), (12, 12, 2)$

問題
23

最上位ランクの整数難問題

$$3^n = k^2 - 40 \text{ を満たす}$$

正の整数の組 (k, n) を全て求めよ

(2010　千葉大)

　この問題は、『大学への数学』(東京出版)という有名な数学問題集で出題難易度がA～Dのうち、最も難しいDランクに指定されていました。東大や京大の問題でもDランクはほとんど出てこないくらいです。そんなDランク指定の問題でもしっかり解法を学べば意外とスラッと解ける。その感動を味わってほしいと思います。

＼ヒント／

　〈整数問題の三大解法〉を常に考えましょう。前回の問題と同様、平方数を見たときには3や4で割った余りを考えてみたいですね。

－ 239 －

CHAPTER **4** 鬼・難問編

☑ [ヒント1/6] 問題の見方

　まず、整数問題で何度も言っているポイントを改めて紹介したいと思います。基本的に初見のときには必ずこの3つを考えます。それは難しい問題でも簡単な問題でも同じです。

<整数問題の三大解法>
①足し算を積の形にする　（因数分解）
②条件から範囲を絞る
③倍数や余りに注目する

　まず①「**整数と整数の積の形にする**」。

　今回も「足し算の式だから掛け算に直す」という発想が活きてくると思います。

　そして②「**条件から範囲を絞る**」。

　正の整数とありますけれども、これはもっと範囲を絞れるはず。

　例えば n は1以上じゃないですか。ということは左辺が3以上。では、k が絶対7以上であることがわかりますよね。

　もし、$k = 6$ だったら、右辺が負になってしまいます。

　このように少しずつ範囲を絞っていきます。

　最後に③「**倍数や余りに注目**」。

　これの使い方がまさに『大学への数学』（東京出版）のCランクとかDランクの問題を倒すための技です。これが今回のテーマです。

　さらに今回はもっと深掘りしたいものがあります。今回の問題のように指数や平方数が出たときも、スラッと解けるようになります。

☑ [ヒント2/6] 解法

　今回の問題を見たときに、まず①「**整数と整数の積の形にする**」

－ 240 －

からいきましょう。因数分解できるとしたらこうでしょうか。

$$3^n = (k + 2\sqrt{10})(k - 2\sqrt{10})$$

　大切なのはちゃんと積が（整数）×（整数）になっているかどうかです。でも、$\sqrt{\ }$が出ていますね。これが、例えば、40のところが1とかだったらいいのですが、今回は$\sqrt{\ }$が出てきたのでダメですよと。だから、因数分解はまだできないと思ってください。

　次は②「条件から範囲を絞る」です。
　nは自然数なので、$3^n \geqq 3$。
　右辺も同じく$k^2 - 40 \geqq 3$。計算してまとめます。

$$3^n \geqq 3$$
$$k^2 \geqq 43 \quad k\text{は自然数} \quad \text{よって } k \geqq 7$$

実は、範囲はまだこれしかわからないんですよ。

☑ [ヒント3/6]　解法

　次、③「倍数や余りに注目」ですが、modを考えます。
　平方数や指数は「○○に弱い」というのがあります。これが言えれば意外と簡単に解けたりするんです。
　具体的には、平方数や指数を見たときに次を考えてほしいのです。

平方数(k^2)は mod 3、mod 4 に弱い
指数(3^n)は mod 4、mod 8 に弱い

－ 241 －

CHAPTER 4 鬼・難問編

　ということでこれ、さっそく使っていきましょうか。

　例えばk^2を考えたときに、それぞれ3で割ったらいくつ余るかを書きましょうか。

k	1	2	3	4	5	6
k^2	1	4	9	16	25	36
mod 3	1	1	0	1	1	0

　kが3の倍数だったら余りは0。それ以外は、余りは必ず1になるわけです。すなわちk^2を3で割った余りは0か1です。

　では次、mod 4にいきましょう。

k	1	2	3	4	5	6
k^2	1	4	9	16	25	36
mod 3	1	1	0	1	1	0
mod 4	1	0	1	0	1	0

　mod 4は0か1になるんですよ。

　注目する点は、ふつう4で割った余りって0か1か2か3じゃないですか。しかしながら平方数だと0か1になるんですよね。

　今回はこれを使っていきます。

　そして、3^nも同じようにやっていきましょう。

　まずはmod 4だけ考えるとこうなります。

3^n	3	9	27	81	243	729
mod 4	3	1	3	1	3	1

— 242 —

mod 8 も全く同じです。

8で割ったらふつうは余りが0から7まで。ところが、3と1だけになります。実はこれで今回の問題が解けるようになります。

✓[ヒント4/6] 解法

次、どうするか。改めて式を考えます。

$$3^n = k^2 - 40$$

ここでmod 4を考えます。

3^nは余りが3か1。

k^2は余りが1か0でしたね。

一方、右辺の40はもちろん余りは0ですよね。

つまり、3^nとk^2は4で割った余りが同じになるはずです。

よくよく表を見ると一緒になるのは、余りが1のときですよね。

ここから何が言えるでしょうか?

$3^n \equiv k^2 \equiv 1 \pmod 4$ であればよく

$3^n \equiv (-1)^n \equiv 1$ となるので

n は偶数

ここまでわかれば、おそらく半分くらいできたようなもの。あとは意外ともう3分ぐらいでできると思いますよ。

✓[ヒント5/6] 解法

nが偶数とわかったので、こうおきましょうか。

— 243 —

CHAPTER 4　鬼・難問編

n が偶数
→　$n = 2\ell$ とおく（ℓ：自然数）

注意点は ℓ が自然数ということ。
あとはこれを代入してしまいましょう。

$$3^{2\ell} = k^2 - 40$$

ここで思い出してみてください。
　ある程度範囲を絞れて、2乗が出てきました。次に三大解法のポイント①「因数分解」を使って解く発想が使えそうです。
　では、どうやって因数分解できそうですか？

　ヒントを出しますと、40を独りぼっちにします。
　つまり、こうなります。

$$k^2 - 3^{2\ell} = 40$$

どういう因数分解するかというと、毎度お馴染みのこの形ですよね。

$$A^2 - B^2 = (A + B)(A - B)$$

この公式を使うと次のようになります。

－ 244 －

$$(k + 3^\ell)(k - 3^\ell) = 40$$

これ、しっかり (整数) × (整数) = 40 になっていますよね。

40 は素因数分解すると $2^3 \times 5$。

大事なのは $k + 3^\ell$ と $k - 3^\ell$ の大小関係を考えることです。

まず、$k + 3^\ell$ は正ですよね。ということは $k - 3^\ell$ も必ず正ですよね。つまり、大小関係は $k + 3^\ell > k - 3^\ell$ になるわけです。

✓[ヒント6/6] 解法

あと、私がよくやるのは表を書くことです。

表には $k + 3^\ell$ と $k - 3^\ell$ を「何×何」の形にしたいのかを書きます。

あと、$(k + 3^\ell) + (k - 3^\ell) = 2k$ なので $2k$ の値。

$(k + 3^\ell) - (k - 3^\ell) = 2 \times 3^\ell$ なので $2 \times 3^\ell$ の値を書けるようにします。

$k + 3^\ell$	
$k - 3^\ell$	
$2k$	
$2 \times 3^\ell$	

なぜ、この表をつくるのか後でわかると思います。

まず、$k + 3^\ell$ と $k - 3^\ell$ の2つを考えます。

40 って何×何ですか?

まずは 1×40。$k + 3^\ell$ のほうが大きいのでこうなりますね。

CHAPTER 4 鬼・難問編

$$(k + 3^\ell,\ k - 3^\ell) = (40,\ 1)$$

続けて同じようにやると、次のように出てきますね。

$$(k + 3^\ell,\ k - 3^\ell) = (20,\ 2)(10,\ 4)(8,\ 5)$$

ここまでです。

$k + 3^\ell$ と $k - 3^\ell$ の大小関係やどちらも正なので、$(5,\ 8)$ や $(-1,\ -40)$ などはあり得ないわけです。必ず、正だとか大小関係だとかをここで考えるのが大事ですね。

表にまとめましょう。

$k + 3^\ell$	40	20	10	8
$k - 3^\ell$	1	2	4	5

さて、表の次の段ですが、そもそもなぜ $k + 3^\ell$ と $k - 3^\ell$ の足し算と引き算をしたのか、わかってくると思います。

足し算をして $2k$ ということは、偶数になるわけです。

ということは、$(k + 3^\ell,\ k - 3^\ell) = (40,\ 1)(8,\ 5)$ はそもそもこの時点で間違いなのがわかりますか?

つまり、$(40,\ 1)$ だったら $2k = 40 + 1 = 41$ になりますが、k は自然数だからアウトになるわけです。

また、$(8,\ 5)$ も同じで、$2k = 13$ になるからバツ。

ということは、求めるのは $(20,\ 2)(10,\ 4)$ の2つだけってわかるんです。それぞれ表を埋めていきましょう。

— 246 —

$(20, 2)$ は、足し算したら $2k = 22$、引き算したら $2 \times 3^\ell = 18$。

$(10, 4)$ は、足し算したら $2k = 14$、引き算したら $2 \times 3^\ell = 6$。

$k + 3^\ell$	40	20	10	8
$k - 3^\ell$	1	2	4	5
$2k$	41	22	14	13
$2 \times 3^\ell$	39	18	6	3

ここから何が言えるかというと、$k = 11$ のとき $\ell = 2$、$k = 7$ のとき $\ell = 1$ ですよ、と。

ただ、$n = 2\ell$ でしたよね。

ということは、答えとしてはこうわかるわけです。

$$(k, n) = (11, 4)(7, 2)$$

例えば $k = 7$、$n = 2$ を代入したら $3^n = 9$、$k^2 - 40 = 9$ なので、ちゃんと成り立ちますよね。

☑ [ポイント]

冒頭にもお伝えしましたが、『大学への数学』（東京出版）でいうと D ランクでしたが、〈整数問題の三大解法〉をうまく使うことによって意外とあっさりと解くことができましたね。改めて平方数と mod の重要性を理解していただけたら幸いです。

答え

$3^n = k^2 - 40$ を満たす
正の整数の組 (k, n) を全て求めよ

両辺を 4 で割った余りを考える。

$$k^2 - 40 \equiv k^2 \pmod 4$$
$$3^n \equiv (-1)^n \pmod 4$$

一般に平方数 n^2 を 4 で割った余りは 0 か 1 より

$$k^2 \equiv (-1)^n \pmod 4$$

$k^2 \not\equiv -1$ であるので $k^2 \equiv 1 \pmod 4$

このとき n は偶数である。

$n = 2\ell$ とおく (ℓ : 自然数)

$$3^{2\ell} = k^2 - 40$$
$$k^2 - (3^\ell)^2 = 40$$
$$(k + 3^\ell)(k - 3^\ell) = 40$$

$k+3^\ell \geqq 4$ かつ $k+3^\ell > k-3^\ell$ より

$A = k+3^\ell$	8	10	20	40
$B = k-3^\ell$	5	4	2	1
$A+B$	13	14	22	41
$A-B$	3	6	18	39

$A+B = 2k$, $A-B = 2\cdot 3^\ell$ より どちらも偶数 ($\ell\ell\ell$のとき0も)

$\begin{cases} A+B = 2k = 14 \\ A-B = 2\cdot 3^\ell = 6 \end{cases}$ $\begin{cases} A+B = 2k = 22 \\ A-B = 2\cdot 3^\ell = 18 \end{cases}$

$\therefore (k, \ell) = (7, 1), (11, 2)$

$n = 2\ell$ より

$\underline{(k, n) = (11, 4), (7, 2)}$

\解説動画は/
こちら！

CHAPTER

5

伝説級の
良問5選

問題
24

中学生でも解ける？
名古屋大の図形問題

正方形ABCDの内部に
点Pがある。
AP = 7、BP = 5、CP = 1のとき、
正方形の面積を求めよ

(1963　名古屋大・改)

　図形問題ってどういう印象持っていますか？　高校生の苦手ラン
キングでは図形問題が上位なんですよね。ただしこの問題は、得意、
苦手に限らずほとんどの人が悩んでしまいます。しかし、解き方に
よっては中学生でも解けてしまう伝説の問題です。

＼ヒント／

　まずは日本語で与えられた条件を図にしてみましょう。そして定石
をもとに補助線を引き、三角形を作っていきましょう。正方形の面積
を求めるための2通りのアプローチも大切ですが、気づきますか？

－ 251 －

CHAPTER 5 伝説級の良問5選

✓ [ヒント1/4] 問題の見方

まずは、情報整理。図を正しくかきましょう。

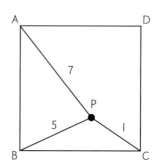

正方形であると。そして、「正方形の面積を求めよ」と言うんですよね。あと、長さはこれだけしか与えられていません。

どうしたらいいのでしょうか。

ここでいきなり補助線を引く人がいるかもしれませんが、ちょっと待ってください。ここで私の頭の中の〈図形問題の3つの定石〉をお見せします。

<図形問題の3つの定石>
① キーワードから複数の解法を
② 有名角に注目（補助線）
③ 基本は三角形！

図形問題は、センスや閃きではなくて、この定石通りにやれば解ける問題が多いです。

24 中学生でも解ける？　名古屋大の図形問題

　まず、①「**キーワードから複数の解法を**」。

　これが、どんな図形問題でも大切な初手です。これは後でお見せしますね。正方形に注目して、いろんな解法を考えましょう。

　次が②「**有名角に注目（補助線）**」。

　ほとんどの人が補助線を引くのが難しいと思います。そこで有名な角度に注目します。だいたい$30°$、$45°$、$60°$、$90°$です。「はぁ？」と思う人もいるかもしれませんが、後から大活躍します。

　最後、③「**基本は三角形！**」。

　意外と忘れがちですが、基本は三角形です。整数問題のときに「足し算を掛け算に直しましょう」とよくしますが、それと同じくらいに図形の世界の標準は全て三角形です。

　四角形、五角形、六角形などといろいろありますが、全部線を引いて三角形にする。それがまず大事なんです。

　円が出てきたときも、直角三角形を作ったりします。

　これが図形問題の三大解法で、この①〜③を駆使します。

　では①からいきましょう。

✓ [ヒント 2/4]　解法

　①「**キーワードから複数の解法を**」ですが、正方形の面積を求めるのがゴールですよね。ゴールから逆算していきましょう。

　正方形の面積を求めるためには何が必要か。

　まず、正方形の面積は縦×横です。

　正方形の面積はもう1つ方法がありますね。ヒントはひし形。

　実は対角線×対角線×$\frac{1}{2}$でも面積を求めることができます。これ

－ 253 －

はひし形の面積の公式です。

ちなみに、次の図の灰色部分の三角形の面積を出すためには、(対角線の半分)×(対角線の半分)×$\frac{1}{2}$が必要です。これを4倍したら、さっきの公式と同じになるわけです。

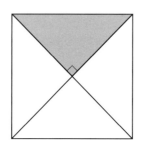

正方形の面積の求め方はこの2つくらいです。

「正方形の面積は？」
・縦×横
・対角線×対角線×$\frac{1}{2}$

でも、それぞれの長さを設定したいのですが、わからない。
正方形の1辺をaとか文字でおいてみましょうか。

では次、②「**有名角に注目**」。
30°、45°、60°、90°ですが、ありますか？

90°以外どこにもないですよね。ここからが大事。有名角がないなと思ったら90°をつくる、つまり、垂直な直線を引くのが大切です。まず点Pがありますよね。ここが何か怪しい。

私たちはAB = AD = aとおき、$a \times a$を出したいので、次の図のような補助線を引いてあげましょう。

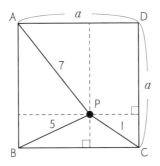

この2本の補助線は正方形の辺に垂直に引きました。これは、90°をつくるためです。

次が③「**基本は三角形**」。

三角形はいっぱいありますね。例えば、次のようにX、Yとおき AX = p、XD = qとおきましょう。そしたらBC上についても、BY = p、YC = qであることがわかります。

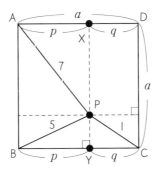

で、ここからがポイント！

CHAPTER 5 伝説級の良問5選

　直角三角形を見たときに、思いついてほしいのが「三平方の定理」です。そのために補助線を活用しながら、直角三角形を見つけていきましょう。

✓ [ヒント3/4] 解法

　さらにDPも補助線を引くと、三角形が8個できました。全部直角三角形です。辺の長さがそれぞれAP = 7、BP = 5、CP = 1であるからDPを求めたくなりますね。とりあえず、DP = xとおきます。

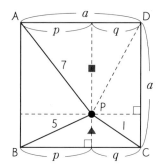

まずは、図の■と▲に注目します。
ここで三平方の定理を使いましょう。
縦と横の2乗を足したら、一番長い斜辺の2乗になります。
さらに、その右側の三角形に注目しても式が出ますね。

$$■^2 + p^2 = 7^2$$
$$■^2 + q^2 = x^2$$

　文字が多くて大変ですが、いったんそこは我慢して▲のほうを考えるとこうなります。

— 256 —

$$\blacktriangle^2 + p^2 = 5^2$$
$$\blacktriangle^2 + q^2 = 1^2$$

それぞれの三角形で三平方の定理を使って表しましたが、私たちが出したいのは x です。■と▲はいらないので消しましょう。

■を使った式2つから■^{2}を消して整理すると、$p^2 - q^2 = 49 - x^2$。同様に▲^{2}を消すと $p^2 - q^2 = 24$。キレイですよね。

$$\blacksquare^2 + p^2 = 7^2, \ \blacksquare^2 + q^2 = x^2$$
$$\Rightarrow 7^2 - p^2 = x^2 - q^2$$
$$p^2 - q^2 = 49 - x^2$$

$$\blacktriangle^2 + p^2 = 5^2, \ \blacktriangle^2 + q^2 = 1^2$$
$$\Rightarrow 5^2 - p^2 = 1^2 - q^2$$
$$p^2 - q^2 = 24$$

ここで、どちらも $p^2 - q^2$ が出ました。
$p^2 - q^2$ を消去すると、x がわかります。

$$p^2 - q^2 = 49 - x^2$$
$$p^2 - q^2 = 24$$

$$\Rightarrow 49 - x^2 = 24$$
$$x^2 = 25$$
$$x = 5$$

伝説級の良問5選

これで、DP = 5 だとわかりました。

「あれ？ p とか q とか設定したけどまだ a が出ないじゃん」と思ったかもしれません。そのときは、ある三角形の組に注目しましょう！ ③が大活躍します。

✓ [ヒント 4/4] 解法

ここで中学生で習うあることを思い出してもらいます。
ヒントは対称性です。

BPが5。DPも5ですよ。BPとDPって同じ長さです。
注目してほしい三角形を言います。△ABPと△ADPです。

△ABPと△ADPって裏返したらぴったり重なりません？
APは7で共通、BPとDPは同じ長さ、ABとADも同じ長さ。
つまり、三辺の長さが同じ三角形だから合同ですよね。

さらに△ABP ≡ △ADPだから∠BAP = ∠DAPですよね。ということは45°になるとわかります。同じように、△CBPと△CDPに注目すると、△CBP ≡ △CDPより∠BCP = ∠DCP = 45°ってわかるんです。

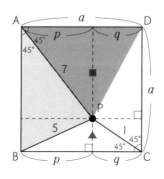

— 258 —

24 中学生でも解ける？　名古屋大の図形問題

「それが？」と思った人もいるかもしれません。

正方形の頂点を通る45°の線は対角線ですよね。

A→P→Cってカクカクしてると思ったのですが、その両側の図形が対称ですよね。つまり、A→P→Cは対角線だったのです。実はまっすぐということは対角線の長さは$7 + 1 = 8$ですよね。

「あれ、aを求めるのでは？」と思うかもしれませんが、ゴールは面積です。ここで思い出してほしいのが、正方形の面積は対角線×対角線×$\frac{1}{2}$でしたよね。aを求めてもよいですが、面積を求めるなら、対角線が8とわかったのですぐ求まりますね。

面積は$8 \times 8 \times \frac{1}{2} = \underline{32}$だとわかりました。

「試行錯誤しているうちに方針が見えて解けた」これが図形問題の面白いところです。

✔ [ポイント]

最初から対角線かどうかはわかりません。ですが、定石通りに1つずつやっていくと、「もしかしたらこの2組の三角形、合同っぽいな」とわかった途端、パッと光が見えるんです。

ややこしいな、めんどうだなと思ったかもしれませんが、ほとんどの図形問題は同じように3つの定石で対応できるんですよね。

図形問題が苦手な人も困ったらこの3つの定石と解答解説を照らし合わせてください。そしたら、「この解答解説って有名角に注目しているからこんな線が引けたんだ」とか見えてきます。あとは三角形。相似だ、合同だっていうのがわかれば楽しくなりますよ。

今回は有名な名古屋大学の入試問題でしたけど、ポイントをおさえれば中学生でも解けるものでしたね。ちなみに辺の長さが7と5と8で「な・ご・や」になっているのもわざとでしょうか？（笑）

－ 259 －

正方形 ABCD の内部に点 P がある。
$AP=7$, $BP=5$, $CP=1$ のとき
正方形の面積を求めよ

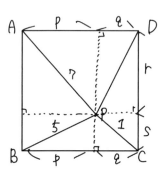

上図のように p, q, r, s を設定する
$DP = x$ とおく。

三平方の定理より

$p^2 + r^2 = 49$ … ①
$q^2 + r^2 = x^2$ … ②
$p^2 + s^2 = 25$ … ③
$q^2 + s^2 = 1$ … ④

① - ② より
$p^2 - q^2 = 49 - x^2$ … ⑤

③ - ④ より
$p^2 - q^2 = 24$ … ⑥

⑤ = ⑥ より $49 - x^2 = 24$

$\therefore \underline{x = 5}$

$DP = BP = 5$, $AD = AB$, APは共通より
$\triangle ABP \equiv \triangle ADP$ となる
　　　（∵ 3辺の長さがそれぞれ等しい）

$\angle BAP = \angle DAP = 45°$ となる。

同様に $\triangle CBP \equiv \triangle CDP$ より
$\angle BCP = \angle DCP = 45°$

これらより A, P, C が一直線上か
AC が正方形の対角線となる。

$AC = 8$ より 正方形の面積は
$8 \times 8 \times \dfrac{1}{2} = \underline{32}$,

$\begin{pmatrix} AC = 8 \text{ より } AB = BC = 4\sqrt{2} \text{ として} \\ (4\sqrt{2})^2 = 32 \text{ と求めてもよい} \end{pmatrix}$

問題
25

2行で証明完了の
東大論証問題

$$x^3 + y^3 + z^3 = xyz$$
を満たす正の実数の組
$$(x, y, z) \text{ は}$$
存在しないことを示せ

(2006　東京大学・改)

　本書の冒頭にも出しましたが、東京大学の論証問題です。解答が2行で終わることでも有名です。この問題では論証問題の核心の話をします。また、この問題、面白いところは、解法が4パターンあるんです。問題を見て背理法で解いて終わる人と、4パターンで解いて汎用性が出てくる人、大きく分かれると思います。

\ ヒント /

存在しないことを示すときには、背理法を用いる方針も大事ですが、大切なのは「どう矛盾を示すか？」です。x、y、z に具体的な数を代入してみると左辺が大きくなることがわかります。この情報からどういうアプローチがあるかを考えてみてください。

－ 263 －

CHAPTER 5 伝説級の良問5選

☑ [ヒント1/5] 問題の見方

　問題に「正の実数」とあるため範囲は $x>0$、$y>0$、$z>0$、そして「存在しないことを示せ」とあります。このような問題、見たことありますか？　逆に、「無限に存在することを示せ」は見たことあるかもしれません。

　例えば、「素数が無限に存在することを示す問題」だとしたら、素数が有限だと仮定して背理法で解けるわけですね。

　今回も背理法が使えます。「存在しないことを示せ」ということは、存在すると仮定する。おそらく、この問題を解いたほとんどの人が背理法を使ったのかなと思います。

<パターン1>
存在しないことを示せ　→　背理法

　ただ、これだけじゃなく、数式を変形するパターンがあります。〈パターン1〉の背理法で考える人が70%ぐらいだとしたら、次の〈パターン2〉で解く人は20%ぐらいかなと思います。

<パターン2>
数式を変形　→　＿＿＿＿＿

　次、〈パターン3〉で解く人は10%ぐらいだと思いますけど、これが非常にシンプルな解答です。

－ 264 －

25 2行で証明完了の東大論証問題

<パターン3>
有名不等式で評価する。
_____ $(x>0,\ y>0,\ z>0)$

最後、〈パターン4〉はもっとシンプルです。ただ、ちょっと記述がしづらい。

今回はこの4つを紹介したいと思います。

☑ [ヒント2/5]　解法1

まず背理法で解きましょう。

背理法なので、この記述が必要です。

$$x^3+y^3+z^3=xyz\ を満たす$$
$$正の実数の組\ (x,\ y,\ z)\ が$$
$$\underline{存在すると仮定する。}$$

このように何を仮定するかを必ず書くようにしてください。そしてここからどう考えるかが大切です。読む手を止めて考えてほしいのです。

「存在すると仮定する」ため、条件を満たす x、y、z を別の文字でおいてみましょう。

条件を満たす「x、y、z」を「s、t、u」とおくのはどうでしょうか。ただしおきかえて必ずやるべきは、範囲を決めること。

条件を満たす x、y、z を小さい順に並べたものを s、t、u とする。$(0<s\leqq t\leqq u)$ あとは不等式評価です。

― 265 ―

まず $s^3 + t^3 + u^3 = stu$ ですね。これを $0 < s \leq t \leq u$ を使って評価してあげます。

s、t、u の中では u が一番大きいので、s と t を u にかえたら $stu \leq u^3$ になります。これを変形すると、u^3 が消えて $s^3 + t^3 \leq 0$ になるんですよね。

これは、もともと $s > 0$、$t > 0$ ということに矛盾しますよね。

なぜなら、$s > 0$、$t > 0$ のとき、$s^3 + t^3 > 0$ となるからです。

$$s^3 + t^3 + u^3 = stu \leq u^3$$
$$\therefore s^3 + t^3 \leq 0$$

これは、s、t が正であることに矛盾する。
ゆえに題意は示された。

問題の解き方が背理法だとわかるだけじゃなくて、必ず範囲を絞り、不等式評価で矛盾を示すところまでがセットです。

では次、〈パターン2〉にいきましょう。

✔ [ヒント3/5] 解法2

数式を変形して証明する解法です。

因数分解、すなわち掛け算の形をつくれるか考えましょう。

〈パターン2〉

数式を変形 → 因数分解!

与えられた式に似た因数分解の公式はなかったですか?

高校1年生でも習うのですが、3乗の足し算が入っているものとして、次の式はどうでしょうか。

— 266 —

$$x^3 + y^3 + z^3 - 3xyz$$
$$= (x + y + z)(x^2 + y^2 + z^2 - xy - yz - zx)$$

　何度も書いて覚えるというより、使っていると自然に覚えられます。形がすごくキレイなので、ぜひ使えるようにしてほしいです。

　この公式と問題の式$x^3 + y^3 + z^3 = xyz$を考えると、こうなるわけです。

$$x^3 + y^3 + z^3 = xyz$$
$$\Leftrightarrow -2xyz = (x + y + z)(x^2 + y^2 + z^2 - xy - yz - zx)$$

　で、どうするか。
　「因数分解だと思って変形したけど、何の情報も得られないじゃん！」と思って考えを止めてしまう人もいるんですけど，ここからが大事です。困難を分割して考えてみましょう。
　$-2xyz < 0$、かつ$x + y + z > 0$がわかるので、矛盾を示すには、$x^2 + y^2 + z^2 - xy - yz - zx \geq 0$を示せばよいことになります。

　では、どういう操作をするか。面白い証明方法があるんです。
　$x^2 + y^2 + z^2 - xy - yz - zx$を2倍して、全体に$\dfrac{1}{2}$を掛けます。すると、こうなります。

$$\frac{1}{2} \times 2(x^2 + y^2 + z^2 - xy - yz - zx)$$

$$= \frac{1}{2} \times (2x^2 + 2y^2 + 2z^2 - 2xy - 2yz - 2zx)$$

ここで勘のいい人は気づくかもしれません。

次に $2x^2$、$2y^2$、$2z^2$ をそれぞれ分けます。そして、順番を入れかえて整理すると、興味深い式が出てきます。

$$\frac{1}{2}(x^2 - 2xy + y^2 + y^2 - 2yz + z^2 + z^2 - 2zx + x^2)$$

$$= \frac{1}{2}\{(x - y)^2 + (y - z)^2 + (z - x)^2\} \quad \cdots\cdots \bigstar$$

この式って2乗の和の形になっているわけですよね。

すなわち $\bigstar \geqq 0$ となります。

左辺はもともと $x^2 + y^2 + z^2 - xy - yz - zx$ の形だったので、$x^2 + y^2 + z^2 - xy - yz - zx \geqq 0$ であることもわかりました。

さらに $x + y + z$ も正で、$-2xyz$ は負。

つまり、$-2xyz = (x + y + z)(x^2 + y^2 + z^2 - xy - yz - zx)$ の左辺が負、右辺が0以上となるので、そのような (x, y, z) は存在しません。

このやり方で証明ができました。

では次、〈パターン3〉にいきましょう。

☑ [ヒント4/5] 解法3

　ある有名不等式を活用します。この証明は2行で終わるんですよ。これの応用編で汎用性の高いものを紹介しますね。

　解き方は最も有名な不等式である「相加相乗平均の大小関係」を使います。$x>0$、$y>0$、$z>0$であるからこそ使えます。

<パターン3>

相加相乗平均の大小関係 ($x, y, z>0$) で評価する

　相加相乗平均の大小関係といえばこれが有名な形です。

$$x \geqq 0,\ y \geqq 0\ のとき$$
$$x + y \geqq 2\sqrt{xy}$$
$$(等号成立は\ x = y\ のとき)$$

　ただし、文字が3つのパターンもあります。

$$x \geqq 0,\ y \geqq 0,\ z \geqq 0\ のとき$$
$$x + y + z \geqq 3\sqrt[3]{xyz}$$
$$(等号成立は\ x = y = z\ のとき)$$

　x、y、zの3つを足すと、xyzの3乗根の3倍以上になるわけです。文字が4つ、5つのときも同様に不等式が成り立ちます。

　そしてこの3乗根が消えるようなx、y、zのときには相加相乗平均の大小関係が使えるんだという発想になります。xをx^3に、yをy^3に、zをz^3にそれぞれおきかえると、こうなります。

－ 269 －

CHAPTER 5　伝説級の良問5選

$$x^3 + y^3 + z^3 \geqq 3\sqrt[3]{(xyz)^3} = 3xyz$$

　この右辺は$3xyz$でルートがとれますよね。

　そして、$xyz > 0$より、$3xyz$はxyzより大きいことがわかります。

　つまり、こうやって相加相乗平均の大小関係を使っただけで、(x, y, z)の組は存在しないことが示されました。

$$x^3 + y^3 + z^3 \geqq 3\sqrt[3]{(xyz)^3} = 3xyz$$
$$> xyz$$

よって、存在しないことが示された。

　ちなみに応用例として「$x \geqq 0$、$y \geqq 0$のとき$x^3 + y^3 + 1 \geqq 3xy$を証明しなさい」という入試問題もありますが、これもx、yが0以上であるので、同じように示すこともできます。相加相乗平均の大小関係は文字が2つのパターンだけでなく、3つのパターンでも使えるようにしておきましょう！

✓ ［ヒント5/5］　解法4

　では最後、〈パターン4〉。これまでと変わって、数式を図形で捉えるという新しいアプローチ。そう、本書の冒頭で示した方法です。

　例えばx^3とxyzを図形で捉えてみましょう。

　xyzはわかりやすくて、直方体ですね。次の図のような、直方体を考えると、この直方体の体積ってxyzですよね。

— 270 —

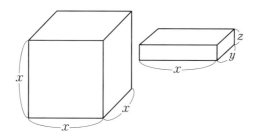

　では、最も大きい横の長さxを一辺とする立方体を考えましょう。この立方体の体積ってx^3ですよね。$x^3 \geqq xyz$であるので、直方体よりも体積が大きいことがわかります。

　ちなみに、xが一番大きい状況を考えていますが、別にyやzが大きくてもいいですよ。x、y、zのうちどれが大きかったとしても、図を見たら明らかなように、その一番大きい長さを一辺とする立方体のほうが、直方体よりも体積が大きいんです。

　ということは、$x^3 + y^3 + z^3$っていう立方体の体積の足し算と、xyzっていう直方体の体積って、$x^3 + y^3 + z^3$のほうが大きいに決まっています。図形で捉えると意外とシンプルに示せます。

　数式を見たときに図形的な発想を考えてみることで、答えを予測できたり、シンプルに解くことにつながることは、ぜひとも理解しておいてください。

✅ [ポイント]

　今回の問題はかなり密度が濃かったと思います。ここから学んだパターンを使っていろんな論証問題にチャレンジしていってください。かなり数学が面白くなるはずです。

答え

$x^3 + y^3 + z^3 = xyz$ を満たす
正の実数の組 (x, y, z) は
存在しないこと を示せ

<解法1>

$x^3 + y^3 + z^3 = xyz$ を満たす
正の実数の組 (x, y, z) が 存在すると仮定する。

条件を満たす x, y, z を小さい順に並べたものを
s, t, u とする （$0 < s \leqq t \leqq u$）

$$s^3 + t^3 + u^3 = stu \leqq u^3$$

∴ $s^3 + t^3 \leqq 0$ となる

これは、s, t が 正 であることに 矛盾する。

ゆえに 題意は 示された。

〈解法2〉

$$x^3 + y^3 + z^3 - 3xyz$$

$$= (x+y+z)(x^2+y^2+z^2-xy-yz-zx) \text{ より}$$

$x^3+y^3+z^3 = xyz$ が成立すると仮定すると

$$-2xyz = (x+y+z)(x^2+y^2+z^2-xy-yz-zx) \cdots ①$$

ここで $x^2+y^2+z^2-xy-yz-zx$

$$= \frac{1}{2}\{2x^2+2y^2+2z^2-2xy-2yz-2zx\}$$

$$= \frac{1}{2}\{(x-y)^2+(y-z)^2+(z-x)^2\} \geqq 0$$

x, y, z は正より $x+y+z > 0$ となるため

①の右辺は 0以上となるが ①の左辺は負となるので

仮定に矛盾。よって 題意が示された。

〈解法3〉

x, y, z は正より

相加・相乗平均の関係を用いると

$$x^3+y^3+z^3 \geqq 3\sqrt[3]{x^3 \cdot y^3 \cdot z^3} = 3xyz$$

$3xyz > xyz$ より

$x^3+y^3+z^3 = xyz$ となる x, y, z は存在しない。

〈解法4〉

一辺の長さが x の立方体を考える

また下図のように辺の長さが x, y, z の直方体と考える

$x \geq y \geq z$ として体積を比べると

$x^3 \geq xyz$ であり

$x^3 + y^3 + z^3 > xyz$ となる

これは y や z が最大のときも同様

以上より $x^3 + y^3 + z^3 = xyz$ となるような
正の実数 x, y, z は存在しない.

問題 26

誘導つきで解く
東北大問題

整数 a, b は $3^a - 2^b = 1$ ……①

を満たしているとする

(1) a, b はともに正となることを示せ

(2) $b > 1$ ならば、a は偶数であることを示せ

(3) ①を満たす整数の組 (a, b) を全てあげよ

(2018 東北大学・改)

　今回は東北大学で出題された問題です。指数が絡んだ整数問題で難問に見えるかもしれませんが、ちゃんと誘導がついています。そのため数学が苦手な人は誘導にのって解いてみる。得意な人は誘導なしだったらどうやって解くかを意識してみましょう。

＼ヒント／

　整数問題を見たら、まずは〈整数問題の三大解法〉に紐づけて考えてみましょう。また(1)や(2)が(3)の誘導になっていることに気づけるかどうかも大切です。

- 275 -

CHAPTER
5 伝説級の良問5選

✅ ［ヒント1/5］ (1)の解法

　今回は誘導がありますが、もしなくても自力で解けるようにしてほしいので、(1)(2)の誘導は何のためにあるのかも考えてみてください。

　まず、本問を見て思い出したいのは〈整数問題の三大解法〉。

<整数問題の三大解法>
①足し算を積の形にする　（因数分解）
②条件から範囲を絞る
③倍数や余りに注目する

　これらのうちの②「条件から範囲を絞る」、すなわち与えられた条件から、範囲を絞っていきます。(3)を誘導なしで解くならば、自分でa、bの範囲を考える必要があるからです。

　今回は(1)で誘導が与えられています。ともに正になることを示せと。ではまず(1)から解いていきましょう。

　aとbのどちらかに注目します。

　まずaに注目しましょうか。このとき、注目するほうを左辺に、注目しないほうを右辺に移項します。

$$3^a = 2^b + 1$$

　2^bはbの正負に関わらず、$2^b > 0$になりますよね。

　ということは$3^a > 1$のこと。もしも$a = 0$だったらちょうど$3^a = 1$になり、不等式を満たさないので、ここの時点で$a \geqq 1$とわかります。つまり、aは0より大きい整数ということです。

　まとめるとこうなります。

－ 276 －

a に注目すると、$2^b > 0$ より

$3^a = 2^b + 1 \quad > 1$

$\therefore a \geqq 1$

これをふまえて次、b に注目しましょう。

先ほどと同様にして 2^b を主役にもってきましょう。

$2^b = 3^a - 1$ を考えます。

$a \geqq 1$ でしたよね。これを利用すると $3^a - 1 \geqq 3^1 - 1 = 2$、つまり、$3^a - 1 \geqq 2$。$2^b \geqq 2$ ということは、$b \geqq 1$ がわかります。

b に注目。$a \geqq 1$

$2^b = 3^a - 1 \quad > \quad 3^1 - 1 = 2$

$2^b \geqq 2$

$\therefore b \geqq 1$

ということで、a、b ともに正ということがわかりましたね。

次は (2) です。

☑ [ヒント2/5] (2) の解法

(2) $b > 1$ ならば、a は偶数であることを示せ

これも (3) を解くための誘導ですが、(2) が難しいっていう声もあります。(1) では $b \geqq 1$ を示しましたが、今回は $b > 1$ で考えます。

この時点でわかるのは、b は整数なので $b > 1$ は $b \geqq 2$ と同じだということです。

— 277 —

CHAPTER 5 伝説級の良問5選

$b \geqq 2$のとき、aは偶数になることを示せと言っています。

ここからわからないなと思ったら、まずは実験ですね。

例えば$b = 2$のときはこうなります。

$$b = 2 のとき$$
$$3^a = 2^2 + 1 = 5$$

……これだと整数aが存在しないので、ちょっとわからないですね。「aが偶数」を示せばいいので、bじゃなくてaから考えましょうか。

$a = 1$のときは、$2^b = 3 - 1 = 2$になりますから、$b = 1$だとわかります。ただ今回は$b > 1$です。

$a = 2$以降もどうなるか、まとめていきます。

$$a = 1 \quad 2^b = 3 - 1 = 2 \qquad (b = 1)$$
$$a = 2 \quad 2^b = 3^2 - 1 = 8 \qquad (b = 3)$$
$$a = 3 \quad 2^b = 26 \qquad (b は整数にならない)$$
$$a = 4 \quad 2^b = 80 \qquad (b は整数にならない)$$

$a = 2, 4$みたいに偶数のときと、$a = 1, 3$みたいに奇数のときで、何が違うと思いますか？

この違いを確認しましょう。これから実験の面白さがわかってきますよ。

aが偶数のときは、もしかしたら「$3^a - 1$が8の倍数じゃないか」、もっと言うと「少なくとも4の倍数じゃないか」と推測できます。

— 278 —

逆に、aが奇数だったら「$3^a - 1$は2の倍数だけど4の倍数じゃない」と推測できるわけです。これはあくまでも仮説ですよ。

ではここからどうやって示していくか。

✓ [ヒント3/5] (2)の解法

$2^b = 3^a - 1$で、$b \geq 2$ということは2^bは確実に4の倍数。

すなわち、$b \geq 2$のときは、$3^a - 1$も4の倍数である必要があります。

$$\underset{4の倍数}{\underline{2^b}} = 3^a - 1$$

あとは、$3^a - 1$が4の倍数であるかを考えるため、$\mathrm{mod}\,4$を使いましょう。

$3^a - 1 \equiv 0 \pmod 4$。つまり、4で割って余りが0を示せばよいことがわかります。

今回は「aが偶数」を示す。先がわからないとしても、aが奇数のときと偶数のときでそれぞれ考えていきましょう。

$\mathrm{mod}\,4$で考えると、次のようになります。

$$3^a - 1 \equiv (4-1)^a - 1$$
$$\equiv (-1)^a - 1 \pmod 4$$

(i) a が奇数のとき

$(-1)^a = -1$ となるので

$3^a - 1 \equiv -1 - 1 \equiv -2 \,(mod\ 4)$

これより $3^a - 1$ を4で割った余りが0とならず、4の倍数とならないことがわかります。

a が偶数のときも同じように考えると、このようになります。

(ii) a が偶数のとき

$(-1)^a = 1$ となるので

$3^a - 1 \equiv 1 - 1 \equiv 0 \,(mod\ 4)$

これより a が偶数のとき、$3^a - 1$ は4の倍数が示されました。

ということで、a が奇数のときは不適、a が偶数のときは $3^a - 1$ がちゃんと4の倍数になるから証明完了です。

さあ、いよいよ (3) に突入しましょう。

✅ [ヒント4/5] (3)の解法

(3) ①を満たす整数の組 (a, b) を全てあげよ

私たちは (1) から $a \geqq 1$、$b \geqq 1$ がわかりました。

そして (2) で、$b \geqq 2$ のときは a が偶数だとわかりました。

$b = 1$ では a が偶数かどうかはわからないのですが、さっき (2) の

途中でしたように、いったん小さい値で実験してみましょう。

例えば $b = 1$ のとき、$3^a = 3$ になりますから $a = 1$。
つまり、この段階で $(a, b) = (1, 1)$ がわかります。

$(i)\, b = 1$ のとき
$3^a = 3$ $\therefore a = 1$
$(a, b) = (1, 1)$ は成立

(2)では「$b > 1$ ならば」って書いていますが、(1)から b の範囲は $b \geqq 1$ とわかるので、$b = 1$ は (2) が成り立ちません。

そのため、まずは $b = 1$ のときに成り立つ、という内容を必ず書きましょう。

その次、大事なのは「$b \geqq 2$ → a は偶数」を使うことですよね。答案には (ii) をこのようにしておけばいいと思います。

$(ii)\, b \geqq 2$ のとき　(2)から a は偶数より
$a = 2k$ とおく（k は自然数）
$2^b = 3^a - 1$
$\quad = 3^{2k} - 1$

ここで手が止まる人も多いと思います。そんなときこそ〈整数問題の三大解法〉に戻りましょう。あることに気づいてほしいです。

これまで三大解法の②とか③で攻めてきました。攻めて攻めてギュッと範囲を絞った上で最終的に使うのは①「因数分解」。特に指数があるとき、ほとんどの場合で①を使うことが多いです。

－ 281 －

<よく使う因数分解の公式>
$$a^2 - b^2 = (a + b)(a - b)$$

☑ [ヒント5/5] (3) の解法

今回は 3^{2k} がありますから、因数分解するとこうなりますね。

$$2^b = 3^{2k} - 1$$
$$= (3^k + 1)(3^k - 1)$$

大事なのは、左辺が 2^b であることと、$3^k + 1$ と $3^k - 1$ は整数であることです。

$3^k + 1$ と $3^k - 1$ は 2^b の約数となるので、$3^k + 1$ は 2^p とおけるし、$3^k - 1$ も 2^q とおけることがわかります。

$$2^b = 3^{2k} - 1$$
$$= (3^k + 1)(3^k - 1)$$
$$= 2^p \cdot 2^q$$

そして、$3^k + 1 > 3^k - 1$ ということは、$2^p > 2^q$ ということもわかります。

こうやって設定すると、この時点で $p > q$ が言えますね。

先ほど 2^p、2^q とおいた連立方程式を考えましょう。

− 282 −

$$p > q$$
$$3^k + 1 = 2^p \cdots\cdots ②$$
$$3^k - 1 = 2^q \cdots\cdots ③$$

　本題はここからです。ここからp、qが求められるかどうかが、明暗を分けると思います。これを見た瞬間に、「何だろう……、また因数分解ですか？」と思った人、残念ながらハズレです。

　ここで視点を変えてみましょう。まずは文字を消去することを考えます。例えば、3^kって②と③のどちらにも出てきますね。
　消去するために引き算するのはどうでしょうか。

$$3^k + 1 = 2^p \cdots\cdots ②$$
$$3^k - 1 = 2^q \cdots\cdots ③$$

$$\therefore 2 = 2^p - 2^q$$

ここで因数分解を考えましょう。
$p > q$なので2^qでくくれませんか？
すると、$2^q(2^{p-q} - 1) = 2$となります。

2のナントカ乗を考えるときに大事なのは偶数か奇数かです。
$q = 0$だと③が成り立ちませんから、2^qは偶数なわけです。
そして、$p - q > 0$より$2^{p-q} - 1$は奇数とわかります。

この偶数と奇数の積が2なんです。

ということは$2^q = 2$、$2^{p-q} - 1 = 1$のみ。

このとき、$q = 1$であり、そして$2^{p-1} = 2$ですから、$p = 2$になります。

$$2 = 2^q \left(2^{p-q} - 1\right)$$

$$2^q = 2、\ 2^{p-q} - 1 = 1$$
$$これより\ q = 1,\quad p = 2$$

「これで終わり！」ではなくて、しっかり②と③が成り立っているか確かめます。

$q = 1$を③に、$p = 2$を②に代入してもちゃんとkが求まりますね。

$$3^k = 3$$
$$\therefore k = 1$$

$k = 1$、$p = 2$、$q = 1$が求まりました。次に求めるのはaでしたね。

今回は$a = 2k$とおいていますから$a = 2$。

そしてこのときbについては$2^b = 3^a - 1$に代入して求めます。

$$a = 2\ より\quad 2^b = 8$$
$$\therefore b = 3$$

26 誘導つきで解く東北大問題

こんな感じでいろんなキャラクターが勢揃いで答えが出ました。

$b \geqq 2$ のときは $(a, b) = (2, 3)$。ただ、これで終わらせてはダメですよ。$b = 1$ のときの $(a, b) = (1, 1)$ もありますから、答えは次の2組でフィニッシュです。

$$(a, b) = (1, 1) (2, 3)$$

✓ [ポイント]

整数問題が得意な人からすると、こういう問題は基礎的だと思うかもしれませんが、整数問題が苦手な人は焦らずゆっくり理解していただいて大丈夫ですよ。

まず1つひとつ誘導の波に乗っていく。そして実験か、推測をして解き進める上で誘導はどういうことを言っているんだろうと考えてみる。

ストーリーとして理解できれば、整数問題がますます楽しくなってくるはずです。

答え

整数 a, b は $3^a - 2^b = 1$ …①
を満たしている

(1) a, b が ともに 正となることを示せ

(2) $b > 1$ ならば、a は 偶数であることを示せ

(3) ① を満たす 整数の組 (a, b) を 全てあげよ

---

(1) $3^a = 2^b + 1$

$2^b > 0$ より $3^a > 1$ ∴ $\underline{a > 0}$

a は整数より $a \geqq 1$

$2^b = 3^a - 1 \geqq 3^1 - 1 = 2$ ∴ $b \geqq 1$

以上より $\underline{a, b \text{ は ともに 正となることが示された}}$。

(2) $b > 1$ のとき b は整数より $b \geqq 2$

$2^b \equiv 0 \pmod 4$ となる。

$3^a \equiv (-1)^a \pmod 4$ より

①より $(-1)^a \equiv 1 \pmod 4$

これより $\underline{a \text{ は 偶数}}$

(3)

(i) $b=1$ のとき $3^a = 3$ より $a=1$

(ii) $b \geq 2$ のとき (2)より a は偶数

$a = 2k$ とおく (k は自然数)

$2^b = 3^{2k} - 1$
$\quad = (3^k + 1)(3^k - 1)$ ―②

$3^k + 1 = 2^p$, $3^k - 1 = 2^q$ とおく ($p > q$)
$\qquad\qquad\qquad ―③ \qquad\qquad ―④$

③ - ④ より

$2^p - 2^q = 2$

$2^q(2^{p-q} - 1) = 2$

$p - q > 0$ より $\underline{\phantom{2^{p-q}-1}}$ は奇数

よって $2^q = 2$ かつ $2^{p-q} - 1 = 1$

$\therefore q = 1, p = 2$

③ ④ に代入すると 双方 $k=1$ が洋まる

$a = 2k$ より $a = 2$

また ② より $2^b = 2^{p+q} = 2^3$ $\therefore b = 3$

以上より

$\underline{(a, b) = (1, 1), (2, 3)}$

問題
27

落とし穴注意！
クセの強い京大問題

$$a^3 - b^3 = 65$$
を満たす整数の組 (a, b) を
全て求めよ

（2005　京都大学）

　これまでの三大解法を考えると問題をパッと見て解き方がわかる
人も多いと思います。そうした人は、効率よく解けないかも考えて
みてください。さあ今回は、なかなか見たことがない、もしかした
ら参考書にも書いてない解き方でサクッと解きたいと思います。イ
リュージョンが起きますので、ぜひ楽しみにしてください。

＼ヒント／

　整数問題を見たときの三大解法を考えると、今までは③の「倍数
や余りに注目する」ことが多かったですが、今回は①が使えそうだな
と思えることが重要です。ただし、そこから②や③も上手く活躍させ
ることで、スムーズに解くことができます。

－ 289 －

CHAPTER 5 伝説級の良問5選

☑ [ヒント1/5] 問題の見方

まずは、〈整数問題の三大解法〉をおさらいしておきましょう。

<整数問題の三大解法>
①足し算を積の形にする（因数分解）
②条件から範囲を絞る
③倍数や余りに注目する

　整数問題を見たときに、足し算の形から掛け算の形にできないか、すなわち因数分解ができるかを考えてみましょう。するとこうなります。

$$(a - b)(a^2 + ab + b^2) = 65$$

　この式を考えてみましょう。

　$a - b$は整数、$a^2 + ab + b^2$も整数、65ももちろん整数ですよね。こういうときは、●×▲＝65という形を考えます。

　そのために、65を素因数分解してみましょう。

　$65 = 5 \times 13$となるので、下記の4パターンが見えてきます。まず表にしてみましょう。

$a - b$	$a^2 + ab + b^2$
1	65
5	13
13	5
65	1

－ 290 －

では次に代入して……って進みたいのですが、ここでひとつめの落とし穴。これ、答えとしては合っているんです。

ですが、もしこのまま進めたらマイナス10点とか、大幅減点されます。ここが恐ろしいところ。何がおかしいか気づきますか？

実は $a - b$ や $a^2 + ab + b^2$ は整数であるため、マイナス×マイナスのパターンもあるんです。必ずここも書いておきましょう。

$a - b$	$a^2 + ab + b^2$
1	65
5	13
13	5
65	1
-1	-65
-5	-13
-13	-5
-65	-1

では、この8つを1つずつ代入して考えてもよいですが、大変ですよね。

数学ができる人って、めんどうくさがり屋が多い。だからこそもっと簡単にきれいに解きたい、8つも代入するのはめんどうくさいから何か工夫ができないかを考えます。

✓ [ヒント2/5] 解法

もっと工夫できないかと考えるときに大事なのが、〈整数問題の三大解法〉の②「条件から範囲を絞る」で考えることです。

— 291 —

CHAPTER 5　伝説級の良問5選

　例えば $a^2 + ab + b^2$ って2乗があるので0より大きそうと予想はできます。ですが、絶対に成立するかどうかは、まだわかりません。このことを確認するためには、平方完成を使ってみましょう。

$$\left(a + \frac{b}{2}\right)^2 - \frac{b^2}{4} + b^2$$

$$= \left(a + \frac{b}{2}\right)^2 + \frac{3}{4}b^2 \quad > 0$$

　2乗＋2乗ということは0より大きい？

　これでは減点されてしまいます。

　特に京都大学の入試では厳密性を重視される傾向にあるので、完答したと思っても失点してしまう人も多いんです。では、何が間違いなのでしょうか？

　思い出してほしいのが、a と b は整数であることです。$\left(a + \frac{b}{2}\right)^2 + \frac{3}{4}b^2 = 0$ の場合があるんじゃないですか？　だから、この時点では必ずこう書きましょう。

$$\left(a + \frac{b}{2}\right)^2 + \frac{3}{4}b^2 \quad \geqq 0$$

　「＝0」になる状況とは「$b = 0$」かつ「$a = 0$」ですよね。

　$a = b = 0$ のときは「$\geqq 0$」のところが「$= 0$」になります。

　ただ、$a^3 - b^3 = 65$ を見ると、$a = b = 0$ はありえません。そのこともふまえて、次のように書きましょう。

$$条件より (a,\ b) \neq (0,\ 0)$$
$$\therefore a^2 + ab + b^2 > 0$$

－ 292 －

これではじめて正であることがわかりました。

ややこしいと思うかもしれませんが、細かな議論も大切になってきます。ここで$a^2 + ab + b^2 > 0$を活用すると、候補が4つに絞れます。

$a - b$	$a^2 + ab + b^2$
1	65
5	13
13	5
65	1
-1	-65
-5	-13
-13	-5
-65	-1

ということで、生き残った4つの組を愚直に代入していきましょう。

(i) $(a - b,\ a^2 + ab + b^2) = (1,\ 65)$のとき。

$a = b + 1$を使ってaを代入すると

$3b^2 + 3b + 1 = 65$になります。あとは整理して解の公式を使ってbを求めます。

$$(\mathrm{i})\, a - b = 1 \quad \rightarrow \quad a = b + 1$$
$$a^2 + ab + b^2 = 65$$
$$(b + 1)^2 + b\,(b + 1) + b^2 = 65$$

— 293 —

CHAPTER 5 伝説級の良問5選

$$3b^2 + 3b + 1 = 65$$
$$3b^2 + 3b - 64 = 0$$
$$b = \frac{-3 \pm \sqrt{9 + 4 \times 3 \times 64}}{6}$$

　整数とはならず不適とする人がほとんどのはず。ただ、もっと時間短縮で求めたい。実は、視点を変えることで、すぐに不適であることが示せるのです。

$$3b^2 + 3b - 64 = 0$$
$$3b^2 + 3b = 64$$

　ここで〈整数問題の三大解法〉である③「**倍数や余りに注目**」を使いましょう。

　左辺の$3b^2 + 3b$は3の倍数ですね。
　一方、64を3で割った余りは1なので3の倍数ではない。

$$\underset{\equiv 0}{\underline{3b^2 + 3b}} = \underset{\equiv 1}{\underline{64}} \quad (mod\ 3)$$

　ということで、$3b^2 + 3b = 64$を満たす整数bは存在しないとわかります。こういう発想のしかたもありますよね。
　解の公式でゴリゴリ計算してもいいけど、こちらのほうが簡単に示せるよという話でした。

　次、2番目にいきましょう。

－ 294 －

27 | 落とし穴注意！ クセの強い京大問題

☑ [ヒント3/5] 解法

(ii) $(a - b,\ a^2 + ab + b^2) = (5,\ 13)$ のとき。

さっきと同じようにして代入します。

$$(ii)\ a - b = 5 \quad \rightarrow \quad a = b + 5$$
$$a^2 + ab + b^2 = 13$$
$$(b + 5)^2 + b\ (b + 5)\ + b^2 = 13$$
$$3b^2 + 15b + 12 = 0$$
$$b^2 + 5b + 4 = 0$$
$$(b + 1)\ (b + 4)\ = 0$$
$$\rightarrow \quad b = -1,\ -4$$

これを $a = b + 5$ に代入すると、$a = 4,\ 1$

すなわち $(a,\ b) = (4,\ -1)\ (1,\ -4)$ ですね。できるだけこういう計算は速く解きたいですよね。

では次、3番目にいきましょう。

☑ [ヒント4/5] 解法

(iii) $(a - b,\ a^2 + ab + b^2) = (13,\ 5)$ のとき。

$$(iii)\ a - b = 13 \quad \rightarrow \quad a = b + 13$$
$$a^2 + ab + b^2 = 5$$

— 295 —

$$（b +13)^2 + b (b +13) + b^2 = 5$$
$$3b^2 + 39b + 164 = 0$$
$$\underline{3b^2 + 39b = -164}$$
$$\underset{\equiv 0}{} \qquad \underset{\equiv 1}{} \qquad (mod\ 3)$$

これもさっきと同じ。解の公式で解いてもよいですが、もっと複雑になってしまいます。

$3b^2 + 39b = -164$ にすると、左辺は3で割り切れて、右辺は3で割り切れないからbは存在しないとわかります。(i)と同じですね。

次、4番目にいきます。

☑ [ヒント5/5] 解法

(iv) $(a - b,\ a^2 + ab + b^2) = (65,\ 1)$ のとき。

これまでと同じように考えてみましょう。ふつうに解くと、
$3b^2 + 195b + 65^2 - 1 = 0$ になります。

$$（iv)a - b = 65 \quad \rightarrow \quad a = b + 65$$
$$a^2 + ab + b^2 = 1$$
$$（b + 65)^2 + b (b + 65) + b^2 = 1$$
$$3b^2 + 195b + 65^2 = 1$$
$$3b^2 + 195b + 65^2 - 1 = 0$$

65^2 の計算方法は覚えていますか？

CHAPTER2のインド式計算です。($\bullet$5$)^2$ はまず下2桁に25がつき、上2桁は、6とその1個上の数字の7で6×7（$= 42$）。

よって $65^2 = 4225$ になります。

－ 296 －

さらに、$65^2 - 1$ は3の倍数なので、両辺を3で割ります。

$$3b^2 + 195b + 4225 - 1 = 0$$
$$b^2 + 65b + 1408 = 0$$

b を求めたいので、ここはめんどうでも解の公式で求めてみましょう。

$$b^2 + 65b + 1408 = 0$$
$$b = \frac{-65 \pm \sqrt{65^2 - 4 \times 1408}}{2}$$
$$= \frac{-65 \pm \sqrt{-1407}}{2}$$

$\sqrt{}$ の中身が -1407。これって b が虚数になってしまいますので、不適となるわけです。

よって答えはというと、これだけなんです。

$$\underline{(a,\ b) = (4,\ -1)(1,\ -4)}$$

☑ [ポイント]

センスや閃きによらず、整数問題の三大解法を意識した学習を続けてみると、整数問題が楽しくなってきますよ。改めて復習として自分の手を動かしながら解いてみてほしいと思います。

答え

$$a^3 - b^3 = 65 \text{ を満たす}$$
$$\text{整数の組} (a, b) \text{ をすべて求めよ}$$

$a^3 - b^3 = 65$ ──①

$(a - b)(a^2 + ab + b^2) = 65$ ──②

ここで $a^2 + ab + b^2 = \left(a + \dfrac{b}{2}\right)^2 + \dfrac{3}{4}b^2 \geq 0$

①より $(a, b) \neq (0, 0)$ なので $a^2 + ab + b^2 > 0$
──③

②,③より $a - b > 0$ であり

$a - b$	1	5	13	65
$a^2 + ab + b^2$	65	13	5	1
	(i)	(ii)	(iii)	(iv)

(i)のとき $\begin{cases} a - b = 1 \\ a^2 + ab + b^2 = 65 \end{cases}$

$a = b + 1$ を代入して

$(b+1)^2 + (b+1)b + b^2 = 65$

$3b^2 + 3b = 64$

右辺が 3の倍数とならず 不適

(ii)のとき $\begin{cases} a - b = 5 \\ a^2 + ab + b^2 = 13 \end{cases}$

$a = b + 5$ を代入して

$(b+5)^2 + (b+5)b + b^2 = 13$

$3b^2 + 15b + 12 = 0$

$b^2 + 5b + 4 = 0$

$(b+1)(b+4) = 0$ ∴ $b = -1, -4$

このとき $a = 4, 1$ となる。

(iii) のとき $\begin{cases} a-b = 13 \\ a^2+ab+b^2 = 5 \end{cases}$

$a = b+13$ を代入して

$(b+13)^2 + (b+13)b + b^2 = 5$

$3b^2 + 39b = -164$

右辺は3の倍数とならず 不適

(iv) のとき $\begin{cases} a-b = 65 \\ a^2+ab+b^2 = 1 \end{cases}$

$a = b+65$ を代入して

$(b+65)^2 + (b+65)b + b^2 = 1$

$3b^2 + 195b + 65^2 - 1 = 0$

$3b^2 + 195b + 64 \times 66 = 0$

$b^2 + 65b + 1408 = 0$

判別式D $= 65^2 - 4 \times 1408 < 0$ となり

上記を満たす実数解は存在しない

以上より

$\underline{(a,b) = (4,-1), (1,-4)}$

解説動画は
こちら！

問題

28

4通りの解法で解く
最後の難問

e^{π} と21はどちらが大きいか

(1999　東京大学・改)

「こんな問題、東大入試で見たことない」かもしれません。実は、1999年に出題された積分の証明問題を解き進める中で出てくる問題です。この大小比較が難しく、リタイアする人が続出して話題になりました。今回、その e^{π} と21の大小比較を一緒に解いていきます。4通りの解法を用意しました。裏技も紹介しますよ。

＼ヒント／

e や π を e＞2.71、π＞3.14として $(2.71)^{3.14}$ と21のどっちが大きいのかを示す問題だと考えてみてください。大小関係を考えるときには、不等式の証明が必要になります。その際に、数式かグラフ（図）か。2種のアプローチがあることを念頭におきましょう。

－ 301 －

CHAPTER 5 伝説級の良問5選

☑ [ヒント1/8] 問題の見方

数学Ⅲを使わない解答は最後の4つめで紹介します。理系の人でも文系の人でも、まずは次のような不等式をつくってみましょう。

$$e^\pi > (2.71)^{3.14}$$

$e = 2.71\cdots\cdots$、$\pi = 3.14\cdots\cdots$ なので、$e^\pi > (2.71)^{3.14}$ ですね。これと21の間の大小関係を考えます。

どっちが大きいのか予想するのは大事ですけれども、いったん $e^\pi > 21$ と仮定して考えてみましょう。

間違えていると思ったら、後で逆を考えれば大丈夫です。

私だったら、e^π をまずこうします。

$$e^\pi > (2.71)^{3.14} > (2.7)^3 \cdots > 21 \ (?)$$

$e^\pi > (2.71)^{3.14}$ ですが、実際に計算するとしたら $(2.7)^3$ ですよね。これを計算して21より大きかったらもう解けます。

☑ [ヒント2/8] 問題の見方

では、$(2.7)^3$ を計算してみましょう。

2.7をいったん 27×0.1 に分けてみます。

$27 = 3^3$ ですよね。ということは $3^9 \times (0.1)^3$。

3^9 はパッと出てきますか？

3^8 は 9^4。9^4 は $(9^2)^2$ だから 81^2。

こういう一の位が1のときは計算しやすいんです。

81^2 は本書の問題07で紹介したインド式計算でも求められます

— 302 —

ね。答えは6561。

3^9 はこれに3を掛けるので、19683。

$\times (0.1)^3$ なので小数点を3回左にずらして19.683になりました。

$$(27 \times 0.1)^3$$
$$= (3^3 \times 0.1)^3$$
$$= 3^9 \times 0.1^3$$
$$= 19.683$$

$3^8 = 9^4 = 81^2 = 6561$
$3^9 = 6561 \times 3 = 19683$

ということは、21よりも小さくなりそうですね。

よくよく考えてみると、$(2.71)^{3.14} > (2.7)^3 = 19.683 < 21$ となり、21よりも小さくなるため、$(2.71)^{3.14}$ と21の大小関係にはたどり着くことができませんでした。

その理由として、$(2.71)^{3.14}$ を $(2.7)^3$ と近似したこと自体が、大雑把すぎたのかもしれません。すなわち $(2.71)^{3.14}$ について、次は $(2.71)^3$ でもいいし、あるいは $(2.7)^{3.1}$ と比べてみるとか、他の評価の仕方を考える必要がありそうです。

もしも $(2.71)^{3.14} > (2.7)^{3.1} > 21$ となれば、21より大きいことがわかりますが、この時点で実験・試行錯誤してもなかなか評価できない人もいると思います。

$$e^{\pi} > (2.71)^{3.14} > (2.7)^{3.1} > 21 \ ?$$

困ったときは視点を変えて、グラフで考えてみることをおすすめします。それでは理系の解法1を見てみましょう。

※数式的に解きたい方は解法4を見てみてください。

✅ [ヒント3/8] 解法1

ここで大事にしてほしいポイントは「不等式が出てきたらグラフで示せないか疑う」こと。グラフの面積や傾きに注目することで、不等式を示すことができたりします。

e^π って、e も π も変数ではなく定数なのでグラフがかけません。ではこれをグラフがかける形に直してみませんか？

ということで、$y = e^x$ のグラフを考えてみましょう。
e^π は、$x = \pi (= 3.14\cdots)$ を代入したときの y の値ですね。
ただ、ここでは面積も出しにくいし、3.14…… が扱いづらい。
そこで、$x = 3.14\cdots$ に近い $x = 3$ のところを考えませんか？
$x = 3$ のときの y 座標は e^3 ですよね。

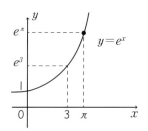

$$e^\pi > e^3$$

この評価だと大雑把すぎてしまうので、もう少し厳密に評価したいですね。
そこで出てくる考え方が「一次近似」というものです。
$x = 3$ における接線を考えると、面白いことがわかりますよ！

✓ [ヒント4/8] 解法1

さて、$x=3$における$y=e^x$の接線の方程式はどうなりますか？

$y=e^x$を微分すると$y'=e^x$になりました。

$x=3$のときの接線の傾きはe^3で、$(3,\ e^3)$を通るので、接線は $y=e^3(x-3)+e^3$、すなわち$y=e^3 x-2e^3$になります。

この接線の方程式に、$x=\pi$を代入してみましょう。

$x=\pi$を代入したときのy座標は下のグラフの■の部分です。

グラフで見ても、e^πより小さいがe^3より大きいことがわかります。

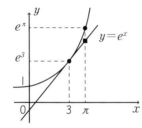

$$y = e^x \quad y' = e^x$$
$$y = e^3(x-3) + e^3$$
$$y = e^3 x - 2e^3$$

$x=\pi$を代入すると、$(\pi-2)e^3$になりました。

グラフより$e^\pi > (\pi-2)e^3 > 1.1 \times e^3$になります。

もっと言うと$e^3 > (2.7)^3$だから、$e^\pi > 1.1 \times e^3 > 1.1 \times (2.7)^3$。

この$1.1 \times (2.7)^3$を計算してみましょう。

さっき$(2.7)^3 = 19.683$だったから、19.683×1.1を計算すると、21.6513。これで21より大きいと示すことができました。

$$e^\pi > (\pi-2)e^3 > 1.1 \times e^3$$
$$> 1.1 \times (2.7)^3 > 21$$

CHAPTER 5 　伝説級の良問5選

　実は、この一次近似という、「接線の傾きに注目して近似する手法」を知っておけば、すんなり解決できる問題でした。これに近い解答として、解法2、解法3を紹介した後、解法4にいきたいと思います。

✓ [ヒント5/8]　解法2

　ここでは、$e^\pi > 21$ を示すことをゴールに考えます。
　解法2、解法3は解法1の補足だと思ってください。
　今回は e^π と e^3 がありますけれども、解法2では平均値の定理を使って考えてみます。

<平均値の定理>

$f(x)$ は $a \leqq x \leqq b$ で連続、

$a < x < b$ で微分可能なとき、

次を満たす c が $a < c < b$ で存在する。

$$\frac{f(b) - f(a)}{b - a} = f'(c)$$

　今回、平均値の定理を用いると次のことがわかります。

$f(x) = e^x$ とおくと、連続かつ微分可能なので

$$\frac{e^\pi - e^3}{\pi - 3} = f'(c)$$

となる c が $3 < c < \pi$ に存在することがわかる

　ここから $e^\pi = (\pi - 3) f'(c) + e^3$ と変形できます。慣れてないと「どういうこと？」ってなるかもしれません。結論から伝えると、解

－ 306 －

法1と同じ不等式が示せるんです。

どういうことかわかりやすく説明しますね。

$f'(x)$ を考えると、$f'(x) = e^x$ ですね。$3 < c < \pi$ であるため、$f'(c) = e^c$ は $f'(3) = e^3$ より大きい。

つまり $f'(c) = e^c > e^3$。これを用いると、$e^\pi > (\pi - 2) e^3$。

$$e^\pi = e^3 + (\pi - 3)f'(c) > e^3 + (\pi - 3)e^3 = (\pi - 2)e^3$$

これは解法1と同じ不等式になりますよね。

グラフを使わず平均値の定理を使っても同じものが出てきました。あとは同様にして、$1.1 \times (2.7)^3$ を計算したら、21 より大きいとわかります。

解法1と2はセットですね。近い考え方です。

✅ [ヒント6/8] 解法3

次が解法3。これもまた近い解き方ですけれども、e^π を次のように分解するパターンです。

$$e^\pi > e^{3.14} = e^3 \times e^{0.14}$$

e^3 はだいたい $(2.7)^3$ ってわかりますが、次は $e^{0.14}$ という小さいものを評価したい。

そういうときの考え方も解法1に似ています。

$e^{0.14}$ は e^0 に近いため、$y = e^x$ のグラフの $x = 0$ における接線をえがきましょう。

— 307 —

CHAPTER 5 伝説級の良問5選

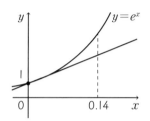

$e^{0.14}$ も不等式評価したかったら、解法1と同じことをします。

$x = 0.14$ みたいな小数が出てきたら、必ず x と近い整数になる点に接線を引いて、その傾きを考えるわけです。

$x = 0$ の点に接線を引くと傾きは e^0、つまり1。

切片が1なので、接線は $y = x + 1$ になります。グラフより、どんなときも $e^x \geq x + 1$ となります。

これがわかれば、$x = 0.14$ を代入するだけで $e^{0.14} \geq 1.14$ がわかるのです。

ということは、$e^3 > (2.7)^3$ も使うと、$e^\pi > (2.7)^3 \times 1.14$ になります。あとは計算すればよさそうですね。1.14で計算してもいいですが、1.1で計算しても21より大きくなります。ということで今回も証明できました。

理系チックな解法が3つ続きましたけれども、こんなに深掘りできるのって楽しくないですか？

初見だとわからない人も少なくないと思うんですけれども、一次近似や平均値の定理を使うことによって、いろいろなアプローチで解けることがわかったと思います。

☑ [ヒント 7/8]　解法 4

いよいよ解法 4 です。

今回はグラフを使わずに数式で考えます。

$e^{\pi} > (2.71)^{3.14}$ ですけれども、これから何をしますか？

おそらくここまでは絞れますよね。

$$e^{\pi} > (2.71)^{3.14} > (2.7)^{3.1}$$

$(2.7)^3 = 19.683$ でしたけど、計算する中で $(2.7)^{3.1}$ が 21 より大きいことを示せばいいですよね。

$(2.7)^{3.1}$ を $(2.7)^3 \times (2.7)^{0.1}$ と分けると、19.683 となんかよくわからない数を掛けたら 21 より大きくなることを示します。

この $(2.7)^{0.1}$ ってどれぐらいの数かを考える上で、$(2.7)^{0.1}$ を不等式評価をしてみましょう。

視点を変えて、$21 \div 19.683$ をします。

すると、1.06…みたいなのが出ます。

$(2.7)^{0.1}$ が 1.07 より大きければいいことがわかります。

大雑把に $(2.7)^{0.1}$ が 1.1 より大きいと示せられれば、解法 1 ～ 3 と同じに、$(2.7)^{3.1}$ が 21 より大きいとわかるわけです。

これを言いかえると、「$(2.7)^{0.1} > 1.1$ を示せますか」ということになります。

けど、0.1 乗って聞いたことありませんよね。

そのときは 10 乗してください。すると、$2.7 > (1.1)^{10}$ になります。

$-$ 309 $-$

CHAPTER
5　伝説級の良問5選

$$(2.7)^{0.1} > 1.1$$
$$\Leftrightarrow 2.7 > (1.1)^{10}$$

　この不等式評価は面白いですよ。文系の方も絶対に1回触れておいたほうがいいですよ。「こんな解法あったんだ！」ってなるはずです。

☑ ［ヒント8/8］　解法4

　$(1.1)^{10}$ をこのまま計算しても小数が続くだけですから、$\left(1 + \dfrac{1}{10}\right)^{10}$ にすると、二項定理が利用できる形になります。

　$\left(1 + \dfrac{1}{10}\right)^{10}$ を計算すると次のようになります。

$$\left(1 + \frac{1}{10}\right)^{10}$$
$$= 1 + \underset{①}{{}_{10}C_1 \cdot \left(\frac{1}{10}\right)} + \underset{②}{{}_{10}C_2 \cdot \left(\frac{1}{10}\right)^2} + \underset{③}{{}_{10}C_3 \cdot \left(\frac{1}{10}\right)^3} + \underset{④}{{}_{10}C_4 \cdot \left(\frac{1}{10}\right)^4}$$
$$+ \cdots + {}_{10}C_{10}\left(\frac{1}{10}\right)^{10}$$

　①は ${}_{10}C_1 = 10$ ですから 1。
　②は ${}_{10}C_2 = 45$ ですから 0.45。
　③は ${}_{10}C_3 = 120$ ですから 0.12。

　いったんここまで計算すると、$1 + 1 + 0.45 + 0.12 = 2.57$ になります。この後は、だんだんこれよりも小さくなるわけです。
　最後の $\left(\dfrac{1}{10}\right)^{10}$ なんて 0.0000000001 ですからね。
　次④は、${}_{10}C_4 = 210$ ですから 0.021 ですね。
　0.021 のところまで計算すると、2.591。

－　310　－

ここで手が止まるかもしれません。

「これを細かく計算をしていくの？」ってなるかもしれませんが、ここで視点を変更してみましょう。

0.021とありますけれども、それよりも小さいものが足されています。

ですが私たちは、$(1.1)^{10} < 2.7$ の形の不等式評価をしないといけません。

$$\left(1 + \frac{1}{10}\right)^{10}$$

$$= 2.591 + {}_{10}C_5 \cdot \left(\frac{1}{10}\right)^5 + {}_{10}C_6 \cdot \left(\frac{1}{10}\right)^6 + {}_{10}C_7 \cdot \left(\frac{1}{10}\right)^7 + {}_{10}C_8 \cdot \left(\frac{1}{10}\right)^8$$

$$+ {}_{10}C_9 \cdot \left(\frac{1}{10}\right)^9 + {}_{10}C_{10} \cdot \left(\frac{1}{10}\right)^{10}$$

★

いったん2.591までは同じにしましょう。

最後だけは $\left(\frac{1}{10}\right)^{10}$ ってわかっているので、それ以外の★部分を全部0.021に変えればいいのではないのか、と。

つまりこのような不等式がつくれます。

$$\underset{< 0.021 \times 5 \, \text{より}}{\overbrace{}}$$

$$(1.1)^{10} < 2.591 + 0.021 \times 5 + \left(\frac{1}{10}\right)^{10}$$

0.021より後ろの項を不等式評価したわけです。

全部0.021に変えたら、元の値より大きくなりますね。

一部を残して他を全部同じものに変える。この不等式評価はすごくよく出てきますよ。

－ 311 －

0.021×5 を計算すると 0.105 で、$\left(\frac{1}{10}\right)^{10}$ はすごく小さいとはいえ正の数なので、$2.591 + 0.021 \times 5$ に 0.001 だけ足してあげて、$(1.1)^{10} < 2.697$ とわかります。

ということで、$(1.1)^{10} < 2.7$ となりました。

これまでをまとめます。

$$(1.1)^{10} = \left(1 + \frac{1}{10}\right)^{10} \quad \leftarrow 二項定理$$

$$= 1 + {}_{10}C_1 \cdot \frac{1}{10} + {}_{10}C_2 \cdot \left(\frac{1}{10}\right)^2 + {}_{10}C_3 \cdot \left(\frac{1}{10}\right)^3 + {}_{10}C_4 \cdot \left(\frac{1}{10^4}\right)^4 + \cdots + \left(\frac{1}{10}\right)^{10}$$

$$= \underbrace{\underbrace{1 + 1 + 0.45 + 0.12}_{2.57} + 0.021}_{2.591} + \cdots + \left(\frac{1}{10}\right)^{10}$$

$$< 2.591 + 0.021 \times 5 + \left(\frac{1}{10}\right)^{10} < 2.697 < 2.7$$

これがわかれば $(2.7)^{0.1} > 1.1$ なので、あとは全く同じ解法です。$(2.7)^3 \times (2.7)^{0.1} > (2.7)^3 \times 1.1$ で、これを計算すると 21 より大きくなりました。ということでフィニッシュです。

✔ [ポイント]

解法4の二項定理を使った不等式評価は、文系でも、理系でも知っておいてほしいものです。今みたいに、「0.021を何回足したら2.7を超えないだろう？」って考えて調整していく試行錯誤も数学の面白いところです。

答え $\boxed{e^{\pi} と 21 はどちらが大きいか？}$

$$\left(\begin{array}{l} e > 2.71, \quad \pi > 3.14 \text{ より} \\[4pt] e^{\pi} > (2.71)^{3.14} \\[4pt] \quad > (2.7)^{31} = (2.7)^3 \times (2.7)^{0.1} \\[4pt] \text{ここで } 2.7^3 = 19.683 となる。 \text{ ——(\cancel{\#})} \end{array} \right)$$

〈解法 1〉

$f(x) = e^x$ とおく。

$f'(x) = e^x$ より $x=3$ における $y=f(x)$ の接線を ℓ とすると

$$\begin{aligned} \ell: \quad y &= f'(3)(x-3) + f(3) \\ &= e^3(x-3) + e^3 \\ &= e^3 x - 2e^3 \end{aligned}$$

ここで $g(x) = e^3 x - 2e^3$ とおく。

$x=\pi$ で考えると上図より

$$f(\pi) - g(\pi) > 0 \quad (\because y=e^x は下に凸)$$

$$\Leftrightarrow \quad e^{\pi} - (e^3 \pi - 2e^3) > 0$$

$$\Leftrightarrow \quad e^{\pi} > (\pi-2)e^3 > 1.1 \times 2.7^3$$

ここで $2.7^3 = 19.683$ より

$$2.7^3 \times 1.1 = 21.6513$$

ゆえに $\underline{e^{\pi} > 21}$ が示された。

〈解法2〉

$f(x) = e^x$ とおくと $f(x)$ は連続かつ微分可能より

平均値の定理より

$$\frac{e^{\pi}-e^3}{\pi-3} = f'(c) \quad となるcが \ 3 < c < \pi に存在$$

$e^{\pi}-e^3 = e^c(\pi-3) > e^3(\pi-3)$ より

$e^{\pi} > (\pi-2)e^3$

（続きは解法1と同様）

〈解法3〉

$e^{\pi} > e^{3.14} = e^3 \times e^{0.14}$

$f(x) = e^x$ の $x=0$ における接線は

$y = e^0 x + e^0 = x+1$

$y = e^x$ は下に凸より $e^x \geqq x+1$

$e^{0.14} \geqq 1.14$

$e^{\pi} > e^{3.14} = e^3 \times e^{0.14}$

$\qquad\qquad > (2.7)^3 \times 1.1 > 21$

よって $\underline{e^{\pi} > 21}$ が示された。

〈解法4〉

(あ)より $e^\pi > (2.7)^3 \times (2.7)^{0.1}$

$2.7^3 = 19.683$ より $e^\pi > 21$ を示すには

$(2.7)^{0.1} > \dfrac{21}{19.683} = 1.06\cdots$

すなわち $2.7^{0.1} > 1.1$ を示せばよい

$2.7^{0.1} > 1.1 \Leftrightarrow 2.7 > 1.1^{10}$ を示す

$1.1^{10} = (1+0.1)^{10} = 1 + {}_{10}C_1 \cdot 0.1 + {}_{10}C_2 \cdot 0.01 + {}_{10}C_3 \cdot 0.001$
$\qquad\qquad\qquad\qquad + {}_{10}C_4 \cdot 0.0001 + \cdots$

$\qquad = 1 + 1 + 0.45 + 0.12 + 0.021 + \cdots$

$\qquad < 2.591 + 0.021 \times 5 + 0.001 < 2.7$

以上より $e^\pi > 21$ が示された

解説動画は
こちら！

おわりに

　ここまで本書を読んでいただいて、ありがとうございます。

　いかがだったでしょうか？

　面白いと思える問題はあったでしょうか？

　「結局、数学が得意な人だけが楽しめるんじゃないか？」そう思った人もいるかもしれません。

　実は私も中学生まで勉強が苦手で楽しめませんでした。

　高校に最下位で入学するくらいです。

　しかし、高1で東大を目指すことを決意し、自分なりに戦略を立てて勉強を続け、東京大学理科二類に現役合格。そして医学部医学科に進学し、医師国家試験合格しました。その後、教育の道に進みました。決してはじめから得意だったわけではありません。

　振り返ってみると、もともと苦手だった私が、得意になった一番のきっかけは

「数学は正解が1つだが、考え方やアプローチは複数ある。」

という面白さに気づけたことだと思います。

　一見当たり前に見えることに焦点を当て、本書で紹介したような考え方に基づき、難しい問題に対して試行錯誤していく。

　最初は苦戦していましたが、問題を解くごとにつながりが見えてきて気づけば数学の面白さや魅力に夢中になっていました。

難しい問題に出会っても諦めず、こうした試行錯誤を続けてきた経験があるからこそ、現在のような活動にもつながっているのだと思います。

　今では「**数学を『日本一のen×タメに！』したい**」という目標を持って活動しています。数学は「enjoy」できて「タメになる」史上最高のアイテムです。

　数学には正解を導き出すこと自体を「楽しむ」ことはもちろん、その導出の過程で用いた問題解決のための考え方は、受験だけではなく、実生活を生きる上でもタメになることも少なくありません。

　「はじめに」にも記載しましたが、数学を受験科目として捉えると「試験のために限られた時間で点数をとりにいく」勉強が最優先になるはずです。

　ただ別の側面として、数学は「1つの問題から無数の学びが得られる」魅力があり、老若男女誰もが楽しめるen×タメになります。

　だからこそ、受験としての数学だけではなく、受験を終えた後も数学の魅力を追求し、時には深く悩み、他人と議論して、魅力を発信する人が増えてほしいと願います。

　そして最後に、私から皆さんにお願いがあります。

　今回、数学良問という内容で問題を選び、解説をしましたが、もし、感動を味わえたものがありましたら誰かとその感動体験を共有

－ 317 －

おわりに

してみてください。「人に出題する」「解説する」「SNSで発信する」こともまた数学の醍醐味だと思うのです。

また、「問題をつくる」のも格別です。本書で取り組んだ問題と似たような設定にするのもよいと思います。数学を解くときと違った感動体験が得られるはずです。

もっと他の問題に触れ、感動体験を味わいたい人がいましたらYouTubeの過去動画や全パターン解説もぜひご活用ください。

数学は肴になります。
そのことに気がついた人は自分だけのものにせず、共有していただけたら私としても嬉しいです。SNSに共有するときは、「#数学良問」をハッシュタグに入れてください。

最後に本書制作にあたり、かんき出版の田中隆博さんとの素敵な出会いがあり、PASSLABOらしさ全開の自由度が高い内容の書籍ができました。そしてかんき出版の皆様、PASSLABOメンバー含め、さまざまな方のご協力があって本書が完成いたしました。改めて感謝申し上げます。ありがとうございました。

数学を「日本一のen×タメに！」
2024年10月

宇佐見天彗

解説動画一覧
& 購入者限定特典

本書に掲載されている問題の解説動画を見ることができます。
また、購入者限定特典を用意いたしました。
パソコンやスマートフォンから下記にアクセスしてご利用ください。
動画の視聴はYouTubeになります。なお、解説動画は大学受験生向けにつくられたものもございます。動画は予告なく内容が変更、閲覧が終了する場合がございます。あらかじめご了承ください。

パソコンから

https://content.kanki-pub.co.jp/pages/suugakuryoumon/

スマートフォンから

【著者紹介】

宇佐見　天彗（うさみ・すばる）

◉——東大医学部教育系YouTuber。株式会社ペイ・フォワード代表。1996年、香川県生まれ。高校入学時は最下位だったが、戦略を立てて勉強した結果、東京大学理科二類に現役合格。進学振り分けでTOP10に入り、東大医学部医学科に進学。医師国家試験に合格し、2020年3月卒業。

◉——自身の経験や「地方と都会の教育格差を是正したい」という思いから、2019年5月1日（現役学生時）にYouTubeチャンネル「PASSLABO in 東大医学部発『朝10分』の受験勉強cafe」を開設し、勉強法や受験戦略を全国に発信している。2024年9月には総再生回数が1億回を超えている。2022年4月から実際の高校で講師として授業を担当。全国の高校での講演多数。

◉——著書に『すばる先生と学ぶ 中学英語のきほん 50レッスン』（文英堂）、『現役東大医学部生が教える「最強の勉強法」』（二見書房）などがある。

X（旧Twitter）@sbr_usami
YouTube「PASSLABO in 東大医学部発『朝10分』の受験勉強cafe」
https://www.youtube.com/@passlabo

一生に一度は解きたい　至高の数学良問28

2024年11月19日　　第1刷発行
2024年12月17日　　第2刷発行

著　者——宇佐見　天彗

発行者——齊藤　龍男

発行所——株式会社かんき出版
　　　　　東京都千代田区麴町4-1-4 西脇ビル　〒102-0083
　　　　　電話　営業部：03(3262)8011㈹　編集部：03(3262)8012㈹
　　　　　FAX　03(3234)4421　　　　　　　振替　00100-2-62304
　　　　　https://kanki-pub.co.jp/

印刷所——ベクトル印刷株式会社

乱丁・落丁本はお取り替えいたします。購入した書店名を明記して、小社へお送りください。ただし、古書店で購入された場合は、お取り替えできません。
本書の一部・もしくは全部の無断転載・複製複写、デジタルデータ化、放送、データ配信などをすることは、法律で認められた場合を除いて、著作権の侵害となります。
©Subaru Usami 2024 Printed in JAPAN　ISBN978-4-7612-7771-0 C0041